现代环境艺术设计的理论与应用研究

张 弛 著

云南美术出版社

图书在版编目（CIP）数据

现代环境艺术设计的理论与应用研究 / 张弛著.
昆明：云南美术出版社，2024. 7. -- ISBN 978-7-5489-5803-1

Ⅰ．TU-856

中国国家版本馆 CIP 数据核字第 2024JM5462 号

责任编辑：吴　洋
责任校对：台　文　汪义杰　刘俊男
装帧设计：朝夕文化

现代环境艺术设计的理论与应用研究

张　弛　著

出　　版：	云南美术出版社
地　　址：	昆明市环城西路 609 号
印　　刷：	固安兰星球彩色印刷有限公司
开　　本：	710mm×1000mm　1/16
印　　张：	11.5
字　　数：	210 千
版　　次：	2025 年 1 月第 1 版
印　　次：	2025 年 1 月第 1 次印刷
书　　号：	ISBN 978-7-5489-5803-1
定　　价：	76.00 元

前言 / PREFACE

现代环境艺术设计是一个蓬勃发展、充满创新与探索的领域，并在社会、文化、科技多个维度展开丰富而多样的探讨。本书旨在深入研究现代环境艺术设计的理论与应用，探索其历史演变、理论框架、感知与体验、材料运用、空间规划、社会变革、科技与创新等方面的关键议题。

我们将从传统艺术与现代设计的联系入手，追溯历史脉络，解析20世纪以来各主要艺术运动对环境设计的深远影响，并聚焦全球文化在该领域的多样性贡献。

在现代环境艺术设计的理论框架方面，我们将探讨设计思维与实践的整合、美学理论与设计创新、技术与设计的融合以及文化与设计的互动。

在感知与体验领域，我们将深入研究环境感知与认知心理学、情感设计与用户体验，以及艺术元素在环境中的表达与影响。

同时，我们将关注现代材料在环境设计中的运用，包括对环保材料与可持续设计的实践、先进材料与智能化环境设计的探讨。

空间规划与布局设计章节将聚焦于公共空间、商业空间和住宅区域的设计原则、趋势与社会文化考量。

在探讨现代环境艺术与社会变革时，我们将关注其在社会变革中的作用、文化多样性与环境设计，以及艺术与城市发展的关系。

另外，我们将深入研究现代环境艺术中的科技与创新，包括人工智能、3D打印技术以及虚拟现实（VR）在环境艺术中的应用。

最后一章将通过国际性与地方性环境设计案例研究，深入剖析设计的成功与失败，为读者提供深刻的实践洞见。

本书的编写旨在为读者提供对现代环境艺术设计全景的理解，激发思考与创新的火花，促进这一领域的不断发展。通过对多个维度的深入挖掘，我们期望能够为学术研究者、设计师、学生以及对环境艺术设计感兴趣的读者提供一份全面而深刻的参考。

编者
2024年1月

目录/CONTENTS

第一章 环境艺术设计的历史演变 ... 1
第一节 传统艺术与现代环境设计的联系 ... 1
第二节 20世纪以来的主要艺术运动对环境设计的影响 ... 4
第三节 全球文化在环境设计领域的贡献多样性研究 ... 15

第二章 现代环境艺术设计的理论框架 ... 23
第一节 设计思维与实践的整合 ... 23
第二节 美学理论与设计创新 ... 31
第三节 技术与设计的融合 ... 36
第四节 文化与设计的互动 ... 41

第三章 现代环境艺术设计感知与体验 ... 46
第一节 环境感知与认知心理学 ... 46
第二节 情感设计与用户体验 ... 49
第三节 艺术元素在环境中的表达与影响 ... 59

第四章 现代材料在环境设计中的应用 ... 72
第一节 现代材料科学的发展对环境设计的影响 ... 72
第二节 环保材料与可持续设计的实践 ... 77

第三节　先进材料与智能化环境设计 ·· 83

第五章　空间规划与布局设计 ·· 89

　　第一节　公共空间设计的原则与实践 ·· 89

　　第二节　商业空间设计的趋势与挑战 ·· 99

　　第三节　住宅区域设计的社会影响与文化考量 ······························ 103

第六章　现代环境艺术与社会发展 ·· 110

　　第一节　环境艺术设计在社会发展中的作用 ································· 110

　　第二节　文化多样性与环境设计 ··· 112

　　第三节　艺术与城市发展的关系 ··· 120

第七章　环境艺术中的科技与创新 ·· 128

　　第一节　人工智能在环境艺术中的应用 ·· 128

　　第二节　3D打印技术在环境艺术中的创新 ···································· 136

　　第三节　虚拟现实（VR）技术在环境艺术中的体验 ······················ 146

第八章　现代环境艺术设计的案例研究 ································ 151

　　第一节　国际性环境设计项目分析 ··· 151

　　第二节　地方性环境设计案例研究 ··· 154

　　第三节　设计成功与失败的案例分析 ·· 165

参考文献 ··· 175

第一章　环境艺术设计的历史演变

第一节　传统艺术与现代环境设计的联系

一、传统艺术对现代环境设计的影响

（一）审美观念的传承与演变

审美观念的传承与演变在现代环境设计中具有深刻而重要的意义。传统艺术对环境设计产生了深远的影响，其独特的审美观念，尤其是传统绘画、雕塑等艺术形式中所体现的美学理念，为现代环境设计提供了丰富的启示与资源。

在审美观念的传承方面，传统艺术通过其独特的表达方式和美学原则，奠定了环境设计的基础。绘画作品中的线条、色彩搭配、空间构图等元素，以及雕塑中的形态、材料运用，都是传统艺术中精湛技艺的产物。这些审美元素在环境设计中得以传承，成为设计师创作的重要灵感来源。传统艺术所强调的对称、比例、和谐等美学原则被视为设计中不可或缺的指导原则，为环境设计注入了经典而稳定的审美基调。

然而，审美观念并非僵化不变的，它在现代环境设计中经历着巨大的演变。随着时间的推移和社会的发展，现代设计师在传承传统审美观念的同时，更注重对其进行创新和演绎。传统绘画中的叙事性、雕塑中的肖像表达等元素在现代环境设计中得以巧妙演绎，被赋予新的时代内涵。审美观念的演变不仅表现在形式和表达手法上，而且显著地反映在对多元文化、跨学科领域的融合上。设计师通过对传统审美观念的重新解读，将不同文化背景下的审美价值纳入设计中，实现了审美观念的丰富和多元化。

在现代环境设计中，传承并演变传统艺术的审美观念不仅是对形式的模仿，更是一种对历史传统的深刻理解与创造性的回应。设计师通过对传统艺术的研

究，挖掘其中蕴含的文化、哲学内涵，使之在当代得以焕发新的生命力。这种审美观念的传承与演变既为设计注入了丰富的内涵，又为审美的多元性和包容性提供了广阔的空间。

（二）空间感与布局的启示

符号与图像的再现是现代环境设计中传承传统艺术元素的一项重要任务。传统艺术中所蕴含的丰富文化符号和图像元素，在现代设计中得以巧妙再现，不仅延续了传统元素的精髓，而且探索了这些符号在当代语境中的演变与延续。

传统艺术中的符号和图像元素往往承载着深厚的文化内涵，如宗教、传统故事、民间传说等。在现代环境设计中，设计师通过对这些符号进行再现，使其焕发新的生命力。这种再现不仅仅是对传统符号的简单翻译，更是一种对其文化内涵的深刻理解和重新诠释。通过巧妙运用传统艺术中的符号，设计师在现代环境中创造了丰富而富有层次感的设计语言。

在符号再现的过程中，设计师常常注重文化符号的演变与延续。符号的演变体现为其在不同历史时期和文化语境中的变化和发展。设计师通过对符号历史的深入研究，将其演变脉络融入现代设计中，使得符号不仅仅是一种静态的表达形式，更是与时代共鸣的文化符号。同时，符号的延续意味着设计在传统元素的基础上进行创新，使其在当代环境中得以持续传承。这种延续不仅是对过去的致敬，还是对未来的文化贡献。

在符号与图像再现的过程中，设计师需要运用多种手段，如图形设计、装饰艺术等，以实现对传统符号的生动再现。同时，技术的发展也为符号再现提供了更为广泛的可能性，如数字化技术、虚拟现实等创新手段，使得符号在现代环境设计中呈现出更为多样和丰富的表达形式。

二、传统艺术元素在现代设计中的传承

（一）符号与图像的再现

符号与图像的再现成为现代环境设计中传承传统艺术元素的一项关键任务。在传统艺术中，丰富的符号和图像元素承载着深厚的文化内涵，包括宗教、传统故事、民间传说等。将这些传统元素在现代设计中巧妙再现，不仅保留了其精髓，还探索了这些符号在当代语境中的演变与延续。

符号和图像元素的再现并非简单地翻译或模仿，而是一种对传统文化的深刻

理解和创造性诠释。设计师通过运用传统艺术中的符号，为现代环境注入新的生命力。这种再现是对传统符号的重新审视，使其在现代社会中发挥新的作用。通过巧妙的设计手法，这些符号得以在当代环境中焕发出独特的艺术魅力。

（二）材料与工艺的演化

材料与工艺的演化是传统艺术元素在现代环境设计中有机传承的关键方向。传统艺术在材料和工艺上展现出了独到的技术与智慧，而将这些传统元素融入现代设计中，不仅延续了传统的艺术传统，而且实现了对设计创新的有益探索。

传统艺术中所采用的材料往往具有独特的文化内涵和历史渊源。这些材料包括木、石、金属、陶瓷等，每一种都承载着特定的文化象征和艺术价值。在现代环境设计中，通过深入研究传统材料的特性和工艺技术，设计师将其巧妙地融入当代设计中。这种融合不仅是对传统材料的重新发现，而且是对其在现代语境中的再定义。通过对传统材料的运用，设计师既赋予了设计以历史感和文化深度，又实现了对可持续性和环保性的关注。

同时，传统的工艺技术也为现代环境设计提供了丰富的创作灵感。传统工艺如雕刻、织布、铸造等在技术层面上体现了卓越的工匠精神。将这些传统工艺技术融入现代设计，不仅为设计注入了手工艺术的精致之美，而且体现了对传统工艺传承的尊重。现代设计师通过对传统工艺的再创作，将其注入建筑、家具、装饰等方方面面，创造出独具匠心的现代艺术品。

材料与工艺的演化不仅仅是单一元素的引入，更是对传统艺术的全方位理解和创新。设计师通过对传统材料和工艺的深入研究，尝试挖掘其潜在的设计可能性，实现传统元素在现代设计中的有机传承。这一过程既需要设计师具备对传统艺术的深刻理解，也需要他们具备对现代设计语境的灵敏洞察力。

总体而言，材料与工艺的演化是传统艺术元素在现代环境设计中有机传承的关键环节。通过将传统材料与工艺巧妙地融入现代设计，设计师不仅使作品提高了文化深度，还在设计创新的道路上迈出了重要的一步。这一过程既是对传统艺术的尊重，也是对当代设计语境的积极回应，为环境设计领域带来了丰富而有趣的可能性。

第二节　20世纪以来的主要艺术运动对环境设计的影响

一、各主要艺术运动对环境设计的贡献与变革

（一）抽象表现主义

1. 情感与内心表达的强调

抽象表现主义崛起于20世纪中期，标志着艺术创作中对个体内心情感和体验的强烈强调。这一艺术流派的兴起对环境设计领域产生了深远的影响，并重新定义了环境设计的核心理念，使其超越单纯的功能性需求，成为情感共鸣的重要载体。

在环境设计中，抽象表现主义的理念激发了设计师对空间的情感共鸣的关注。设计师不再局限于简单的形式和结构，而是通过对色彩、形式和材质的自由运用，创造出富有表现力的设计语言。这种表达方式超越了传统的审美框架，将个体的内在情感与设计元素融为一体，使得环境本身成为情感的传达媒介。

其中，色彩成为抽象表现主义在环境设计中的重要工具之一。设计师通过大胆运用鲜明的对比色和抽象的色彩组合，营造出充满情感张力的空间氛围。这种情感表达不仅仅是色彩的运用，更是一种对个体情感状态的抽象呈现，使空间成为情感共鸣的平台。

形式和材质的自由运用也是抽象表现主义在环境设计中的显著特征。设计师通过自由流畅的线条和形状，打破了传统的几何结构，使设计更富有生命力和动感。同时，材质的选择也受到了启发，突破传统界限，探索各种新颖而具有表现力的材质，为设计赋予独特的个性。

抽象表现主义的强调情感共鸣不仅在设计形式上有所体现，而且使设计从功能性的追求中解放出来，成为情感的表达和共享平台。在这一理念的引领下，环境设计不再仅仅是满足基本需求的工具，而是成为个体情感和体验的载体，为人们创造出具有深刻情感内涵的设计作品。这种将情感与设计紧密融合的思潮，为现代环境设计注入了更为丰富和深刻的内涵，使其超越传统审美的束缚，赋予设计更为广泛和深远的意义。

2. 色彩对比的运用

在抽象表现主义中，色彩被视为情感的表达工具之一，而在环境设计领域，

设计师通过运用色彩的鲜明对比，巧妙地营造出引人注目的空间氛围。这种对比不仅仅是色彩的搭配，更是一种情感的表达方式，使得设计通过视觉感知引导人们进入情感的共鸣空间。

色彩对比的运用在环境设计中扮演着至关重要的角色。首先，鲜明的色彩对比能够产生强烈的视觉冲击，吸引人们的注意力。这种引人注目的效果使设计的空间变得更加引人入胜，观者在空间中徘徊时能够感受到色彩带来的强烈情感冲动。例如，将互补色或对比色放在一起，创造出强烈的对比效果，引发观者对空间的情感共鸣。

其次，色彩对比在情感表达方面具有深远的影响。不同颜色所代表的情感和意义能够通过对比更为鲜明地呈现。设计师可以通过对比温暖色和冷色、明亮色和深暗色等，营造出丰富多彩的情感层次。这种对比使得空间不仅仅是冷静和谐的整体，更成为情感表达的画布，通过色彩的变化传递出多样而深刻的情感。

最后，色彩对比的巧妙运用也能够引导观者在空间中产生情感体验。例如，在一个室内空间中，通过运用色彩的明暗对比，可以营造出明亮开阔或温暖舒适的氛围，使观者在其中感受到不同的情感体验。这种情感的引导通过色彩的变化和对比而产生，使得空间具有更为细致和深刻的情感表达。

3.笔触自由流畅的设计手法

抽象表现主义所强调的个体表达在艺术创作中体现为自由而激烈的笔触，这一特点在环境设计中得以体现，尤其表现在形式的自由流畅上。例如，在墙面装饰或家具设计中，设计师通过线条和形状的自由运用，创造出充满生命力和动感的空间。

自由流畅的设计手法在环境设计中扮演着至关重要的角色。首先，通过自由流畅的线条和形状，设计师能够打破传统的几何结构，赋予空间更多的生命力和动感。这种自由的笔触使得设计不再受到刻板的限制，而是展现出一种独特的个性和创造性。

其次，自由流畅的设计手法也为空间注入了一种自由、开放的氛围。设计师通过线条的曲折和形状的多变，营造出一个开放而富有变化的空间环境。这种自由的设计语言使得观者在空间中感受到一种自由流畅的情感体验，与传统刚性结构形成鲜明对比。

最后，自由流畅的设计手法也为环境设计注入了更为丰富的表现力。通过线条和形状的流畅运用，设计师能够表达出丰富多彩的情感和思想。例如，柔和曲线可能传递出温暖、舒适的感觉，而急促、自由的线条可能带来兴奋和活力的氛围。这种表现力的丰富性使得空间不仅仅是功能性的载体，更成为情感表达的平台。

抽象表现主义所强调的笔触自由流畅的设计手法在环境设计中得以巧妙运用，为设计注入了更多的创意和个性。这种自由的设计语言打破了传统设计的束缚，使得设计更富有生命力和动感。通过线条和形状的自由运用，设计师能够创造出引人入胜、充满表现力的空间环境，使观者在其中能够感受到设计带来的情感共鸣。

（二）极简主义

1.简洁、纯粹、功能性的设计理念

极简主义是一种注重从繁复中解放出的设计理念，其核心价值在于简洁、纯粹和功能性的追求。在环境设计领域，极简主义的理念推动设计师追求元素和结构的精简化，体现了一种简约美学，同时强调物品和空间的纯粹性和实用性。

在极简主义的设计理念中，简洁性是最为显著的特征之一。设计师通过减少元素和降低装饰性，使得设计更为简单明了。简洁的设计语言消除了多余的繁复，使观者能够更为直观地理解和感知空间。这种简洁性不仅仅是表面的外观，更是一种对设计元素和结构的深层理念，通过剔除多余的复杂性，使得设计更加纯粹和精致。

另外，极简主义强调纯粹性，即对设计元素的单纯和纯净性的追求。通过减少杂质和附加装饰，设计师能够创造出更为纯粹、纯净的设计形式。这种纯粹性使得设计更加直接、原始，观者能够更为清晰地感受到设计所传递的信息和情感。极简主义的纯粹性不仅仅停留在视觉上，更是一种对设计本质的理解和把握。

极简主义的设计理念还突出了对功能性的追求。设计师注重物品和空间的实用性，使得设计不仅仅追求形式上的美感，更追求实际的功能性。这一特点使得极简主义的设计既具有美学价值，又符合实际使用的需要。在家具、建筑空间等方面的设计中，功能性的强调使得设计更加贴近人们的生活，实现了设计的真实价值。

2.设计元素的精简化

极简主义对设计元素的精简化要求在环境设计中体现为对细节的精准控制和简单形式的运用。这一设计理念强调通过减少和简化元素，创造出更为简洁而有

力的空间特征。在家具、装饰和布局方面，极简主义的精简化设计使得人们在环境中能够感受到极致的美感和功能性的便利。

首先，对设计元素的精简化要求设计师在空间中对细节进行精准的控制。这不仅包括物体的形状和结构，还包括材料的选择和表面处理等方面。通过精准控制细节，设计师能够使设计更为纯粹和简洁，避免了烦琐的装饰和不必要的复杂性。这种细节上的精简化使观者在环境中能够更为集中地感受到设计所传递的信息，呈现出一种简洁而高效的美感。

其次，简单形式的运用是对设计元素精简化的具体体现。极简主义强调通过运用简单、基本的形式，达到设计的极致效果。在家具和装饰品的设计中，简单形式体现为几何图形的运用、线条的简洁而有力等特征。这种简单形式的运用使设计更加直观，观者能够迅速理解和感知设计的核心思想。简单形式既减少了视觉上的混乱，又使得设计更具辨识度，形成独特的设计语言。

极简主义的设计元素精简化不仅追求形式上的简洁，更追求设计的功能性和实用性。通过对细节的精准控制和简单形式的运用，极简主义的环境设计呈现出简洁而有力的特征，使人在其中能够感受到极致的美感和功能性的便利。这一设计理念的影响不仅表现在空间的外观上，更深刻地影响了人们对于设计的感知方式，引导着人们对于简约和实用的审美追求。

3.空间极致利用的追求

极简主义对空间的极致利用提出了明确的要求，使得环境设计更加注重空间的合理布局和功能性的平衡。在这一设计理念下，设计师通过巧妙的空间规划，力求每一寸空间都能够发挥最大效益，从而创造出既实用又简洁的居住或工作环境。

首先，空间的极致利用要求设计师在布局上注重合理性和高效性。通过深入研究空间的结构和功能需求，设计师能够巧妙地安排各个功能区域，使空间的每一部分都能够得到最佳利用。这种合理布局不仅考虑了空间的实际使用需求，更关注了用户的舒适感和体验感。空间的极致利用通过布局的合理性使得环境设计更加贴近人们的实际生活，为用户提供更为便利的使用体验。

其次，功能性的平衡是空间极致利用的关键。设计师在追求极简主义的同时，需要确保空间的各个功能都得以平衡，不偏废任何一个方面。通过充分考虑不同功能区域之间的关系，设计师能够使空间既具备高效的使用功能，又保持简洁和整体美感。这种功能性的平衡不仅仅在于满足基本的生活或工作需求，更关乎空间的整体品质和人性化设计。

极简主义对空间的极致利用体现了设计师对设计的深刻思考和对细节的精准把控。设计师通过巧妙的空间规划，使每一寸空间都能够得到最充分的发挥，既实现了空间的高效利用，又创造出简洁而有力的设计效果。这种设计理念的影响不仅仅在于实际的空间布局上，更引导了人们对于空间的感知方式，促使人们追求简约而实用的生活和工作环境。

（三）艺术与工艺运动

1. 手工艺的重要性

艺术与工艺运动强调手工艺的独特性和价值，对环境设计提出了对手工艺品质的追求，这一追求不仅仅在于材料的选择，更体现在制作过程中对手工技艺的展现。设计师通过注重手工技艺，使得设计作品呈现出独一无二的工艺美感。

手工艺在艺术与工艺运动中被视为一种珍贵的传统，具有独特性和独一无二的价值。设计师在材料选择上常常倾向于使用手工制作的材料，这些材料既能够体现手工艺的精湛工艺，又具有自然的质感和特殊的纹理。通过选择这些材料，设计作品能够在材质上呈现出丰富的层次感和独特的视觉效果，使得环境设计更加富有质感和深度。

在制作过程中对手工技艺的注重是艺术与工艺运动对手工艺重要性的另一体现。设计师通过亲自参与或精心监督制作过程，注重每一个环节的手工细节，以确保设计作品的高质量和独特性。手工技艺的展现不仅仅是一种传统工艺的延续，更是设计师对每一个细节的关注和对品质的追求。这种关注细节的态度赋予了设计作品更为深刻的内涵，使其超越了单纯的实用性，更具有艺术性和观赏性。

艺术与工艺运动通过对手工艺的追求，强调了在环境设计中注重手工技艺的重要性。这一设计理念使得环境设计不仅仅是简单的空间布局，更成为艺术与工艺的结合体，体现了设计师对于传统工艺的珍视和对独特美感的追求。

2. 材料真实性的强调

艺术与工艺运动强调使用真实、天然的材料，对环境设计中的材质选择产生了深远的影响。这一设计理念不仅仅在于对材料的选择，更体现在对材料的真实性、纹理和原始状态的强调，使得设计作品呈现出自然而纯粹的美感。

在艺术与工艺运动中，真实、天然的材料被看作具有独特价值的资源。设计师在材质选择上偏向于使用原始的、未经过多处理的材料，如天然木材、石材、金属等。这些材料保留了自然的质感和原始状态，呈现出独特的纹理和肌理，为设计作品赋予了深厚的自然特性。通过强调材料的真实性，设计作品能够建立起与自然之间的紧密联系，使环境设计更具人性化和温暖感。

设计师注重材料的纹理和质感，将其视作设计的重要表现元素。通过对木材、石材等天然材料纹理的巧妙运用，设计师能够创造出具有独特触感的设计效果。这种注重纹理和质感的设计手法不仅满足了观者的视觉需求，更通过触觉上的感知，为设计作品增添了层次和丰富度。真实的材料质感使得环境设计更具立体感和生动性，使观者能够在设计中产生更为深刻的感知体验。

材料的原始状态在艺术与工艺运动中被看作一种美的表达方式。设计师在使用材料时注重保留其原始状态，不刻意进行过多的加工和改变。这种对原始状态的强调使得设计作品呈现出一种质朴而真实的美感，让观者感受到材料的自然之美。通过将材料还原到其最自然、最本真的状态，设计师使环境设计中的材质选择更加符合人们对自然美的向往和追求。

在环境设计中，艺术与工艺运动对于材料真实性的强调使得设计师更注重材质的选择和处理。通过使用真实、天然的材料，注重材料的纹理和质感，以及对原始状态的保留，设计作品呈现出自然而纯粹的美感。这一设计理念不仅为环境设计带来了更为丰富的表现手法，更使得设计作品在观者心中留下深刻的自然印记。

3. 对传统工艺的尊重

艺术与工艺运动的兴起使得设计师更加重视传统工艺的传承和创新，将这些工艺巧妙地融入现代环境设计中，以实现对传统元素的有机传承。这一设计理念体现了对传统工艺的尊重与珍视，为环境设计注入了更为深刻的文化内涵。

在环境设计中，设计师不仅仅运用传统手工技艺，更追求将传统工艺进行创新和演化，以适应现代设计的需要。这种对传统工艺的尊重表现在设计师对传统技艺的深入学习和理解上。通过对传统工艺的细致研究，设计师能够更好地理解其中的文化内涵和工艺精髓，为其在现代环境设计中的运用奠定了更为坚实的基础。

设计师在环境设计中注重传统工艺的传承，不仅仅是简单地将传统元素引入设计中，更是通过创新和演绎，使传统工艺在现代环境中得以焕发新的生命力。这种传承与创新的结合，既保留了传统工艺的独特魅力，又使其与现代设计相融合，创造出独具魅力的环境设计作品。

传统工艺在环境设计中的运用不仅是一种技术手段，更是对文化传统的致敬。通过将传统工艺融入现代设计，设计师呈现出对传统文化的珍视态度，使设计作品在观者心中勾勒出丰富的历史底蕴。这样的设计不仅满足了观者的审美需求，更为环境设计赋予了深刻的文化内涵，使其具备更为广泛的意义和价值。

艺术与工艺运动对传统工艺的尊重与注入现代设计的创新，为环境设计带来了更为丰富的表现层次。通过对传统工艺的深度理解和巧妙运用，设计师使得环境设计作品既具备了传统文化的韵味，又呈现出现代设计的时尚和独特性。

通过对抽象表现主义、极简主义和艺术与工艺运动的深入剖析，我们可以看到这些艺术运动在环境设计中的贡献与变革。它们不仅塑造了设计的形式美学，还深刻地影响了设计的理念和价值观。这种对多元艺术思潮的整合，使得现代环境设计能够更加全面地回应社会、文化和技术的发展，为设计领域的不断创新奠定坚实的基础。

二、运动之间的相互关系与转变

（一）吸收与转化

1. 抽象表现主义对极简主义的影响

抽象表现主义强调的情感自由表达在 20 世纪中期的艺术创作中起到了突出作用，而这种情感元素在后来对极简主义的发展产生了深远的影响。极简主义主张简洁、纯粹，但受到抽象表现主义的启发，它逐渐开始包容一些抽象的表现方式，从而使得极简主义在追求简约的同时展现出更为多元的艺术表达。

抽象表现主义通过强调艺术家的情感和内心体验，推动了艺术创作向更加抽象和个性化的方向发展。这一理念在后来影响了极简主义，使得极简主义的设计不再仅仅注重物质的简单形态，而更加关注情感的表达。在家居设计中，简洁的家具形式可能融入一些抽象的装饰元素，而这种设计手法通过抽象的表现方式增加了空间的艺术表现力，使整体环境更具独特性和个性化。

抽象表现主义的影响使得极简主义开始关注个体情感的表达，突破了原本强调纯粹几何形状和简单结构的设计限制。这种影响体现在极简主义设计中，使得设计师更加注重色彩、形式和材质的表达，赋予了极简主义更为丰富和多样的表现层次。抽象表现主义的情感元素被巧妙地融入极简主义的设计中，使得简洁的形式不再冰冷而缺乏情感，而是通过抽象表现的方式呈现出更加生动和富有温度的一面。

抽象表现主义对极简主义的影响也在一定程度上打破了传统审美的规范，使得设计更具前卫性和创新性。这种影响推动了极简主义的发展，使其逐渐融入更为丰富和多元的艺术元素，展现出更为灵活和富有表现力的设计风格。在抽象表现主义的启发下，极简主义不再被局限于过于简单的形式，而能够更好地满足人们对于艺术和设计的多样化需求。

2. 极简主义中的抽象元素吸收

在极简主义的设计语境中，抽象表现主义的独特笔触和形式得到了吸收，这使得极简主义不再仅仅强调物质的简化，而更注重形式的表达。这种抽象元素的吸收与转化关系促成了设计领域在形式上更为丰富和多元的发展。

极简主义强调简洁、纯粹和功能性，追求将设计元素减少到最基本的形式。然而，受到抽象表现主义的启发，极简主义开始吸收抽象元素，使得设计中不再拘泥于传统的几何形状和简单结构。这一吸收过程使得抽象表现主义的独特笔触和形式成为极简主义设计语境中的一部分，为整体设计注入了更为富有表现力和独特性的元素。

在抽象表现主义的影响下，极简主义开始注重形式的表达，不再仅仅强调物质的简化。抽象表现主义的自由、激烈的笔触以及对情感的强调，为极简主义提供了一种全新的表现途径。设计师通过吸收抽象表现主义的元素，使得极简主义设计不再显得冷漠和枯燥，而更具有艺术性和生动感。

抽象元素的吸收并非简单地复制，而是在极简主义的理念基础上进行的有机融合。抽象表现主义的形式得以保留，同时在简约的框架下进行精心的安排和调整。这种吸收与转化的关系为设计领域注入了新的创意和灵感，使得极简主义不再受限于传统的审美范式，拥有更为灵活和富有创意的设计语言。

3. 相互渗透的创新

抽象表现主义和极简主义之间的相互渗透不仅体现在形式上，还在设计理念和创作方法上展现出了创新。这种相互渗透为设计领域注入了新的活力，通过将情感表达与简约形式相结合，设计师创造出了既注重情感共鸣又具有现代简约美学的独特设计作品。这样的创新推动了设计领域的跨越式发展。

在抽象表现主义和极简主义的相互影响下，设计师开始在创作中融合两者的特点，既注重个体情感的表达，又追求简约而有力的形式。通过将情感元素与简约理念相结合，设计师成功地创造出具有双重特性的设计作品。这种创新不仅体现在形式的多样性上，还深刻地体现在设计的思想和方法上。

在这种相互渗透的创新中，设计师能够更灵活地运用抽象表现主义的情感自由和极简主义的简约原则。设计不再被局限于单一的审美观念，而是能够在表达情感的同时保持简洁的设计语言。这种综合性的创新为设计领域带来了更加多元、开放的视野，丰富了设计作品的内涵和层次。

相互渗透的创新使得设计师能够更自由地发挥创意，将两种看似相反的设计风格融合在一起，创造出独具魅力的作品。这种融合不仅在形式上展现出多样性，还在设计理念的交融中创造出更为独特和前卫的设计语言。这样的创新不仅满足了审美的多样需求，同时也推动了整个设计领域的前进，促成了设计思想的更迭和发展。

（二）反思与回归

1. 对前一时期审美的批判

一些艺术运动在其发展过程中对前一时期的审美进行了深刻批判，主张反思过度崇尚某种形式或思想所导致的审美疲劳。这样的批判不仅限于形式层面的审美观念，还涉及对工业化和大规模生产的深刻反思。

这种审美的批判体现了艺术界对于前一时期审美观念的不满和对创新的追求。一些艺术运动认为，前一时期的审美过于固化和单一，无法满足社会不断变化的需求，导致了审美疲劳。在这样的背景下，艺术家们开始倡导突破传统框架，寻求新的审美表达方式，以激发观众的新鲜感和兴奋感。

除了形式上的审美批判，一些艺术运动还对工业化和大规模生产提出了反思。随着工业化的推进，艺术品的生产变得更加标准化和大规模化，这引发了一些艺术家对于个性化和原创性的担忧。他们认为，过度的工业化剥夺了艺术品的独特性和深度，使其失去了艺术家个体表达的可能性。因此，他们提出对工业化审美的批判，呼吁重新关注手工艺和个体创造。

这种审美的批判反映了艺术界对社会变革和文化发展的敏感性。艺术家们通过对前一时期审美的批判，试图推动艺术的创新和发展，以适应当时社会的变革。这种反思不仅体现在艺术品的形式和内容上，还涉及对社会结构和文化体系的深刻思考。

2. 自然材料与手工制作的回归

反设计运动是一次对过度工业化的深刻反思，其核心理念包括强调自然材料的使用和手工制作的重要性。这种运动代表了一种回归传统元素的趋势，旨在重新审视传统工艺和材料的价值，推动设计领域朝着更加可持续和个性化的方向发展。

在反设计运动中，设计师对于大规模工业化所带来的标准化和同质性表达了关切之情。他们认为，工业化生产虽然提高了效率，却也剥夺了产品的独特性和个性化。因此，通过强调自然材料的使用，设计师试图恢复材料的本真质地，追求每一件作品都具有独特的纹理、色彩和质感。

手工制作在这一运动中被重新赋予重要性。设计师强调手工艺的独特性和独特价值，认为每一件手工制品都承载着匠人的用心和技艺。这种注重手工制作的趋势不仅强调了工艺的传承，还使得设计作品具有了更为丰富和个性化的表达。

通过回归自然材料和手工制作，反设计运动提倡的是一种对传统价值的重新认识。设计师试图打破工业化带来的单一审美，寻找每个项目独特的灵感和表达方式。这不仅丰富了设计领域的创作元素，还促使人们重新思考可持续性和环保意识。

3. 传统元素与现代审美的结合

在回归传统元素的进程中，设计师并非只追求过去的模仿，而是通过创新的手法将传统与现代审美理念巧妙结合。这一融合方式不仅在建筑设计中体现得淋漓尽致，而且创造出了既具有历史感又兼具现代氛围的空间。

在建筑设计中，传统元素可以是建筑结构、装饰元素，甚至是整体风格的灵感来源。设计师通过对传统建筑风格的深入研究和理解，将其中的经典元素提取出来并巧地妙运用于现代建筑之中。这不仅在设计上展现了对传统的尊重，还使得建筑作品具有了更为丰富的文化内涵。

在这一过程中，设计师注重的并非简单地将传统元素搬到现代环境中，而是通过创新的设计手法，将传统元素与现代审美进行巧妙融合。例如，可以在建筑外立面或内部空间中加入现代艺术元素，使用当代材料和技术进行构造，以呈现出独特的设计语言。

这种传统元素与现代审美的结合，不仅在建筑中表现得淋漓尽致，还在其他设计领域如室内设计、景观设计等得到了广泛应用。设计师通过创新性的处理，打破了传统与现代之间的界限，创造出具有独特魅力的设计作品。

这种结合不仅仅是对传统元素的照搬，更是对传统文化的重新解读和再现。设计师通过巧妙的设计手法，将传统元素融入现代审美中，既保留了历史的底蕴，又赋予了设计作品现代的活力。

（三）当代混搭

1. 多元文化与设计的融合

在当代设计领域，多元文化的融合成为一种显著的趋势，设计师们积极将不同文化的元素进行混搭，创造出兼具多样性和独创性的设计作品。这种融合不仅体现在艺术表现上，更贯穿空间功能和形式的创新之中。

设计师在多元文化的融合中，通常汲取不同文化的艺术、建筑、装饰等方面的元素，将它们有机地融入设计中。这包括但不限于传统装饰、图案、色彩等，以创造出具有独特韵味和文化深度的设计作品。

在艺术表现方面，设计师通过多元文化的融合，将不同地域、民族、历史背景的艺术元素融为一体。这种跨文化的表达不仅拓宽了设计的创作思路，也丰富了设计作品的内涵，使其具有更广泛的文化影响力。

除了艺术表现，多元文化的融合还体现在空间功能和形式上。设计师在空间规划中融入多元文化的元素，使设计作品更贴近不同文化背景的使用者。这包括空间布局、家具设计、材料选择等方面的创新，在满足不同文化需求的同时展现设计的多样性。

多元文化的融合不仅是对传统文化的尊重和发扬，还是对全球化时代多元文化共存的反映。设计师在跨文化的创作中，突破了传统文化的边界，打破了地域的束缚，创造出融合着各种文化元素的设计作品。

2.技术与传统的结合

在当代设计领域，技术创新与传统元素的结合呈现出显著的特色。一个突出的例子是虚拟现实（VR）技术与传统艺术表现形式的融合，为观众提供了全新的艺术体验。这种技术与传统的混搭不仅是一种创新，还反映了设计师对于多样化和前沿探索的追求。

在这种结合中，虚拟现实技术作为一种先进的数字技术，与传统艺术形式相互融合，打破了传统艺术的表达限制。通过使用VR技术，观众可以沉浸在虚拟的艺术空间中，体验超越传统观看方式的感官体验。这种结合不仅丰富了艺术的呈现方式，还提供了更交互式、参与式的艺术体验。

最后，技术创新还在传统艺术中催生了新的创作手法。数字艺术、计算机生成的艺术等技术在传统元素中得以融合，为艺术创作提供了更多可能性。设计师可以通过数字技术对传统图像、符号进行重新解构和创新，产生独特而具有现代感的艺术作品。

这种技术与传统的结合并非简单地替代传统，而是在新的技术支持下，赋予传统元素新的生命力。设计师在创作过程中不仅注重技术的运用，还注重如何将技术与传统元素相融合，创造出融合创新和传承的设计作品。

3. 多元材料与工艺的组合

在当代设计的潮流中，设计师表现出了更加大胆的态度，积极尝试多元材料与工艺的组合，为创作带来了新的可能性。这一趋势使得传统材料与先进科技工艺之间形成了有机结合，产生了独具创意和现代感的设计作品。

设计师在材料的选择上不再受限于传统的局限，而是敢于挑战边界，将传统材料与新型材料、高科技材料相融合。例如，传统木材可能与先进的复合材料相结合，创造出既保留传统温暖感又具有轻量、强度更高的产品。这种多元材料的组合不仅拓展了设计的表达方式，而且提升了作品的功能性和实用性。

同时，工艺的创新也是多元材料与工艺组合的关键要素。先进的制造工艺和手工艺的结合，使得设计师能够在作品中展现更多元、复杂的层次。数字化工艺的引入，如3D打印、数控加工等，为设计提供了更高的精准度和定制性。

这种多元材料与工艺的组合不仅是追求独特性，更是对可持续性和环保性的关注。设计师在选择材料和工艺时考虑到其对环境的影响，倡导可持续发展的理念。这使得设计作品不仅在美学上独具魅力，还体现了对社会责任的关切。

第三节　全球文化在环境设计领域的贡献多样性研究

一、不同文化对环境设计的独特贡献

（一）东方文化的影响

1. 传统艺术的审美观念

传统艺术在东方文化中扮演着重要的角色，其审美观念深深植根于和谐、平衡以及对自然的尊重。这些观念在环境设计中不仅仅是指导原则，更是一种富有深意的设计哲学，为空间创造营造了独特的文化氛围。

东方文化的审美强调和谐统一，这在传统艺术中得到了淋漓尽致的展现。传统园林设计是一个典型的例子，通过对空间的巧妙布局，追求整体景观的和谐平衡。在这样的设计中，各元素之间的关系被精心构思，以呈现出一种统一而不失生动的美感。

色彩在东方传统艺术中也被看作表达情感和意境的重要手段。色彩的运用不仅仅是为了视觉的享受，更是为了传达一种内在的情感体验。在环境设计中，这

种理念得以延续，即色彩的选择和搭配追求一种和谐共存，使空间充满生命力。

最后，对自然元素的尊重贯穿传统艺术的方方面面。自然被视为艺术的灵感之源，其形态和变化成为设计的重要参考。传统园林中常见的假山、水池等元素，正是通过模拟自然景观，达到与自然和谐相处的境地。

2.符号与象征的运用

在东方文化中，符号与象征在环境设计中具有深远的影响，通过巧妙地运用，为设计赋予了文化层次，使空间充满深厚的历史感。

汉字艺术是一种典型的表现方式，通过将汉字融入建筑、装饰等元素中，设计师创造出独特而具有文化内涵的环境。这种艺术形式不仅是对汉字书法的赞美，更是对文化传统的致敬。在现代建筑中，汉字的线条和形状被巧妙地融入设计中，既保留了传统文化的精髓，又赋予了空间现代感。

传统绘画元素的运用同样是设计中的重要方面。传统绘画所表现的山水、花鸟等主题经常被运用在环境设计中，为空间注入了深邃的艺术氛围。这些绘画元素不仅仅是装饰，更是对传统文化的延续与传承，通过图像的形式表达对自然、生活和情感的理解。

除了传统艺术形式，东方文化的符号和象征在建筑中的运用也十分独特。例如，传统的屋檐形状、门窗构造等元素往往承载着深刻的文化内涵，通过这些符号的引入，设计师能够在空间中营造出具有独特东方风格的氛围。

（二）西方文化的贡献

1.个性化与自由的追求

在西方文化中，个性化和自由的价值观在环境设计中得到充分体现，促使设计师关注个体需求，并在空间规划中强调自由度。现代西方建筑在突破传统结构的同时，创造出富有创意和个性的设计，体现了对个性和自由的追求。

个性化在西方文化的环境设计中扮演着重要角色。设计师注重理解居民或用户的个体需求，通过定制化的设计满足不同人群的特殊需求。这种关注个体的设计理念体现了对多样性和个性化的尊重，使得每个空间都能够反映居住者或使用者的独特品位和个性。

自由度的空间规划是西方文化环境设计的又一特色。传统的空间限制被打破，建筑结构更加灵活多样，允许居住者在空间中自由运动和发挥创意。这种设计风格强调开放性和灵活性，为用户提供更为宽敞、舒适的居住或工作环境。

现代西方建筑通过对新材料、新技术的应用，以及对空间形式的创新，展现出了富有创意和个性的一面。建筑的外观和内部结构常常呈现出前卫的设计理念，凸显对独立思考和个性表达的追求。这种建筑风格反映了西方文化中对自由、独立和创新的推崇。

2.现代主义的影响

西方现代主义在环境设计领域产生了深远的影响，其强调简洁、功能性和抽象的设计原则成为当代建筑和室内设计中广泛应用的指导思想。这种影响深刻地改变了设计理念和实践，使得设计更加注重实用性和流畅的形式。

现代主义的设计理念在建筑和室内设计中体现出简洁性的追求。设计师倾向于剔除多余的装饰和繁复的元素，强调简单而清晰的线条和形状。这种简洁性使得设计更具时代感，同时凸显空间的整体性和协调性。

功能性是现代主义设计的核心原则之一。建筑和室内设计强调实际需求和功能的合理满足，避免过度烦琐的设计，使得空间更符合人们的生活和工作需求。这种关注功能性的设计理念推动了环境设计朝着更加实用和舒适的方向发展。

抽象性是现代主义设计中的显著特征，建筑和室内设计中常常运用抽象的形式和结构。这种抽象性不仅体现在建筑的外观上，还表现在空间布局和内部结构上。设计师通过简化和抽象，创造出更富有艺术感和审美价值的设计。

现代主义的影响使得建筑和室内设计更加注重形式与功能的完美结合。设计不仅仅是满足实际需求的工具，更是一种艺术表达和审美追求。这种综合性的设计理念推动了环境设计领域的创新和发展。

二、文化多样性对设计的启发

（一）交汇融合的创新

1.不同文化的设计融合

文化多样性为设计领域注入了创新的活力。设计师有机会从各种文化传统中获取灵感，将它们融合在一起，创造出具有独特魅力和跨文化特色的作品。例如，在东方传统元素与西方现代设计相结合的过程中，设计师能够突破传统的设计框架，形成新颖而富有创意的设计语言。这种交汇融合的创新不仅满足了不同文化背景人群的审美需求，还为设计师提供了更广阔的创作空间。

2.设计的文化碰撞与互动

文化多样性推动了设计领域中不同文化元素的碰撞和互动。设计师在融合多元文化时，往往面临着不同传统之间的冲突与对话。这种碰撞既是挑战，也是机遇。通过理解不同文化的核心价值观和审美观念，设计师可以打破文化隔阂，创造出具有深度和广度的设计作品。这种设计的文化碰撞不仅拓展了设计的边界，还促进了文化之间的理解与交流。

3. 创新设计的经济和市场潜力

交汇融合的创新设计不仅在审美上取得了成功，还具有经济和市场潜力。跨文化设计作品往往能够吸引更广泛的受众群体，满足不同文化消费者的需求。这种多元文化设计既可以推动本土文化的传播，也可以为设计师赢得国际市场的竞争优势，还可以为设计产业带来可持续的发展动力。

（二）文化多元性与社会包容

1. 社会认可与多元性设计

将不同文化元素融入设计中，不仅是一种审美选择，还是社会对多元性的认可和包容的体现。设计作品在其多样性中成为社会的一面镜子，反映了社会对各种文化的开放态度。这不仅仅是一种设计趋势，更是社会认知和理念的演进，引领着建立更加包容和平等的设计理念的方向。设计作品成为文化的交汇点，承载着社会的多元性，并通过视觉和审美的表达，传递出对各种文化的尊重和接纳。

社会的开放态度在设计中扮演着关键角色，反映在设计作品的多元性和文化包容性上。设计师的选择和表达不再局限于特定文化的框架，而是吸纳并融合多元文化元素，使设计作品更加丰富和多样。这种多元性的设计不仅满足了不同文化背景人群的审美需求，也在视觉上打破了单一文化的局限，为设计领域注入了新的活力。

建立更加包容和平等的设计理念是社会进步的一部分。通过设计作品的多元性，社会对多元文化的认可和包容得以推动。设计作品不再是简单的艺术品，更是传递着社会价值观念的媒介。通过展示多元文化的魅力和独特之处，设计作品有助于消除社会中存在的对特定文化的偏见与歧视。设计师在创作中具有责任感，能够通过设计传递出对社会多元性的理解和支持，促使社会更加积极地迎接不同文化的融合。

多元性设计的实践有助于构建更加包容和平等的社会。设计作品的多元性不仅体现在文化元素的融合上，还包括对不同社会群体的关注和表达。设计师通过作品传递社会关怀，关注社会中的多元群体，为弱势群体发声，并通过设计倡导平等和公正。这种设计理念的体现使设计作品成为社会改革的催化剂，引导社会向更加包容和平等的方向发展。

2. 设计的社会影响力

多元文化设计在当代社会具有深远而强大的社会影响力，其能力不仅在于满足审美需求，还在于引导社会朝着更加多元化和平等的方向发展。设计作品成为社会中的重要媒介，通过传达多元文化的理念，为社会带来积极的变革和发展。

设计的社会影响力首先体现在对文化差异的理解与尊重上。多元文化设计强调各种文化元素的融合，通过设计作品传递出对不同文化的理解和尊重。这种理念的传播有助于打破文化隔阂，促进社会各群体之间的相互理解。设计作品不仅是审美的表达，还是文化认同和对多元社会的包容态度的象征。通过多元文化设计，社会能够建立更为开放、包容的文化氛围，使各个文化在共生共存中得到发展。

最后，多元文化设计对社会的影响还在于构建和谐的社会氛围。设计作品具有引导和塑造社会情绪的能力，多元文化设计通过呈现多样性和包容性的视觉形象，有助于营造积极、和谐的社会氛围。这种氛围不仅促使人们乐于接受和融入多元文化，还有助于减少社会中的文化冲突和歧视现象，为社会的和谐共生创造有利条件。

设计的社会影响力还体现在为社会的进步和发展注入新的动力上。多元文化设计激发了创新和创造力，推动设计师在不同文化元素的融合中探索出新的设计语言和表达方式。这种创新精神不仅为设计领域注入了新的活力，还为其他社会领域提供了启示。通过对多元文化的创意表达，设计作品能够引领社会走向更加包容和开放的未来，为社会的文化、经济和科技进步提供有益的推动力。

3. 文化包容与设计教育

将文化多元性融入设计教育是培养未来更加多元化设计人才队伍的关键步骤。设计教育不仅仅是传授技术的工具，更应当成为引导学生理解、尊重和融合各种文化的平台。通过注重文化包容性的设计教育，可以培养学生对不同文化的敏感性和包容心态，为他们未来跨越文化界限进行设计工作提供必要的基础。

设计教育应当强调文化多元性的重要性，使学生认识到在全球化时代，设计不再局限于本土文化，而是需要跨越文化差异进行创作。通过对不同文化的深入学习和理解，学生可以更好地应对全球性的设计挑战，提高在跨文化设计中的创意和适应能力。这不仅仅是为了培养具有国际竞争力的设计人才，更是为了构建一个更加包容、和谐的设计社群。

文化多元性的融入设计教育可以通过多方面的方式实现。首先，教学内容应当涵盖各种文化的设计实践和理论，让学生在学习过程中接触到丰富的文化元素。设计教育应当鼓励学生进行跨文化的研究和实践项目，使他们有机会亲身体验和参与不同文化的设计活动。这种实践性的学习有助于培养学生的实际操作能力，同时能增强他们对文化差异的理解。

其次，设计教育还应该注重培养学生的跨文化沟通和协作能力。设计项目往往需要团队合作，而团队成员可能具有不同的文化背景。培养学生在团队中有效沟通、尊重他人观点、协调合作的能力，有助于打破文化隔阂，促使设计团队更好地协同工作。这种能力的培养在设计师未来的职业生涯中具有重要价值，特别是在国际性的设计项目中。

最后，设计教育还可以通过引入文化研究和人文科学的课程，使学生更深入地理解文化对设计的影响。这有助于培养学生的文化敏感性，使其在设计过程中更为细致入微地考虑文化的方方面面。通过对文学、艺术、哲学等领域的学习，设计教育可以激发学生的创造力，并为他们提供更为丰富的设计灵感。

（三）传统技艺与可持续设计

1. 传统手工艺的可持续性启示

传统手工艺在可持续设计领域提供了重要的启示，强调了材料的可再生性和循环利用，与现代可持续设计理念的契合为设计师提供了宝贵的经验。这些传统技艺承载着丰富的文化内涵，同时注重与自然环境的和谐共生，为现代设计注入了环保和可持续的元素。

首先，在传统手工艺中，材料的选择和利用是关键的一环。传统手工艺通常采用当地的自然资源，注重可再生性，并以最小的环境影响获取原材料。这与现代可持续设计的理念相契合，强调减少对地球资源的过度开采，推动设计走向更加环保和可持续的方向。设计师可以从传统手工艺中学到如何选择、获取和利用材料，以降低设计过程中对环境的破坏。

其次，传统手工艺注重技艺的传承和发扬。这种传承并非僵化地复制，而是融入了创新的元素。设计师在学习传统手工艺的过程中，不仅能够汲取丰富的文化内涵，还可以从中找到创新的空间。将传统手工艺融入现代设计实践，设计师能够发挥创造力，使传统技艺在现代焕发新的生命力。这种创新并非简单地模仿传统，而是在保持传统精髓的基础上，结合当代需求和技术，形成具有独特性和现代感的设计作品。

最后，传统手工艺注重工艺的精湛和品质的追求。这与可持续设计的理念相契合，提倡精细制作和注重品质，避免过度消费和浪费。通过将传统手工艺中的精湛工艺融入现代设计，设计师可以提高产品的耐用性和质量，减少过度消费的现象，从而推动可持续设计的实践。

2. 传统文化与生态设计

传统文化与生态设计紧密相连，体现了人类与自然环境之间的和谐共生关系。在许多传统文化中，人们根植于自然，传统技艺和设计理念强调与自然的紧密联系。将这些传统元素融入现代生态设计中，不仅为设计注入深刻的文化内涵，还引导着设计朝着更加环保和可持续的方向发展。

传统文化通常蕴含着丰富的生态智慧，这种智慧体现在人们对自然的尊重和对生态平衡的追求上。传统技艺往往基于对自然资源的可持续利用，注重物质的循环利用，以减少对环境的负面影响。这种传统的生态智慧为现代设计提供了有益参考，使设计师更好地理解和平衡人与自然之间的关系。

在传统文化中，设计理念强调与自然环境的和谐共生。这反映在建筑、工艺品和日常用品等方面，人们通过传统设计实践展现了对自然的敬畏和依赖。将这些传统元素融入现代生态设计中，设计师可以借鉴传统文化的审美观念和理念，创造出更加环保和可持续的设计作品。例如，传统建筑在设计上注重自然通风、采光和利用可再生材料，这些设计原则可以为现代建筑的生态设计提供有益的启示。

传统文化中的生态智慧还体现在对自然循环的理解和运用上。传统农业、手工艺等领域的技艺通常基于对季节和自然规律的精准把握，以保障生产的可持续性。这样的经验可以在现代农业和工业设计中得到借鉴，促使生产和设计更加符合生态平衡的原则。

通过将传统文化中的生态智慧融入现代设计，可以更好地应对当今社会面临的环境挑战。设计师在创作过程中不仅要考虑产品的功能和美学，还要关注其对环境的影响。传统文化的生态智慧提供了一种可持续性设计的指导原则，引导设计师在材料选择、生产过程、产品寿命周期等方面追求更加环保和可持续的设计方案。

3. 传统技艺的传承与创新

传统技艺的传承与创新是设计领域中一项至关重要的任务，旨在在尊重传统的基础上注入新的活力和创意。设计师在融入传统手工艺的过程中，必须保持对传统的尊重，同时勇于进行创新，使传统技艺得以在现代设计中焕发新的生命力。

传统技艺的传承不仅仅是简单地延续历史，更是对文化遗产负责任的态度。传承意味着学习和理解传统技艺的精髓，深入挖掘其中的文化内涵和价值观。这种传承不仅仅是技术层面上的继承，更包含了对历史、故事和社会背景的理解。通过传承，设计师能够将传统技艺融入当代设计中，使其不仅仅是一种手工技巧，更是文化的传达者。

然而，传统技艺的传承并非僵化地复制，而是需要与创新相结合。创新是将传统技艺注入新的思想和创意，使其适应当代社会的需求。设计师需要挑战传统的边界，探索新的设计语言和表达方式。这种创新不是为了取代传统，而是为了让传统技艺在当代焕发新的光彩。例如，通过引入现代材料、技术或设计理念，设计师能够赋予传统手工艺更广泛的应用场景，提升其实用性和吸引力。

传统技艺的创新还可以通过与其他领域的融合来实现。设计师可以将传统手工艺与数字技术、科学等相结合，创造出更具前瞻性和独特性的作品。这种跨领域的创新不仅推动了传统技艺的发展，还促使设计领域在整体上实现更大范围的创新和探索。

第二章 现代环境艺术设计的理论框架

第一节 设计思维与实践的整合

一、设计思维的定义与应用

（一）设计思维的本质

1. 设计思维的跨学科综合性

设计思维的跨学科综合性是其独特而丰富的特征之一，体现在思考方式的广泛涉猎和知识融合的过程中。设计思维本质上是一种开放性的思考方式，不受学科的约束，而是通过跨越学科的界限，将不同领域的知识和方法融合，从而在问题解决和创新中发挥出其独特的优势。

在跨学科综合性的层面上，设计思维通过融合人文科学、自然科学、社会科学多个学科的知识，使得设计者能够以更全面的视角审视问题。这种广泛涉猎的特性不仅使设计者具备更丰富的信息基础，而且能够更全面地理解问题的复杂性。例如，在环境艺术设计中，设计者可能需要同时考虑到美学原则、社会文化背景、人类行为心理学等方面的知识，以确保设计作品既具有艺术性，又符合社会需求。

设计思维的跨学科综合性不仅体现在知识的广度上，还表现为不同学科之间的方法论融合。设计者不仅能够借鉴工程学的系统思维，还能够运用人文学科的情感研究方法。这种方法论的多元融合使得设计思维更具创造性，能够从多个维度出发，为问题找到更富创新性的解决方案。在实践中，设计思维的跨学科综合性要求设计者具备对不同学科方法的熟悉和灵活运用的能力，以便更有效地应对复杂的设计挑战。

设计思维的跨学科综合性还反映在对跨文化、跨领域问题的处理上。在全球化的背景下，设计者面临着来自不同文化和领域的需求和挑战。设计思维通过融合不同文化、不同领域的元素，使得设计作品更具有包容性和全球性。设计者需要具备对跨文化因素的敏感性，能够理解不同文化中的审美差异、使用习惯等，从而在设计中融入更具本地特色的元素。

2. 强调解决问题、创新和实践

设计思维的核心目标在于强调解决问题、创新和实践，构成了其独特的理论框架和实践导向。

首先，解决问题是设计思维的基石之一。设计者通过运用系统性的思考方式，分析并解决实际问题，为社会和个体提供有益的解决方案。在这个过程中，设计思维注重从多个维度审视问题，不仅考虑到问题的表面现象，还深入剖析问题的本质，以寻找更全面、更有效的解决途径。这种解决问题的方法使得设计思维具有实用性，能够为社会带来实际的改善和创新。

其次，创新贯穿设计思维的全过程。设计者在运用设计思维时，不仅仅是单纯地借鉴已有的方法和思维，更注重对传统方法和思维的突破，引入新的理念和方式。创新在设计思维中体现为对问题独特的诠释和创造性的解决方案。通过不断挑战常规，设计者能够在创新中推动设计领域进步。设计思维通过激发创新，促进了设计的多样性和前瞻性，使得设计作品更具有时代性和独创性。

最后，实践是设计思维理论得以验证和完善的过程。设计者将设计思维应用于实际问题中，通过实际应用验证其有效性。在实践过程中，设计者不断从实际经验中吸取教训，进一步深化对设计思维的理解。实践是设计思维从理论走向实践的桥梁，同时也是设计思维不断演进的动力。通过实际应用，设计者能够更好地理解设计思维的局限性，并在实践中不断进行反思和改进，推动设计思维的不断优化。

3. 思维模式的构建

设计思维的独特之处在于其不仅仅是一种技术或方法，更是一种深刻的思维模式。这种思维模式的构建超越了具体的设计任务，涉及个体对世界的看法和认知方式。设计思维所构建的思维模式具有全面性、深度和灵活性，为设计者提供了更具洞察力的思考方式。

首先，设计思维的思维模式具有全面性。它要求设计者不仅要关注问题的表面现象，更要深入观察、理解问题的本质。通过培养观察、分析的能力，设计者能够更全面地把握问题的多个层面，不再局限于表面现象，从而提供更为全面的解决方案。这种全面性的思维模式使得设计者能够在复杂的设计环境中游刃有余地处理各种问题。

其次，设计思维的思维模式具有深度。深度体现在对问题的理解和解决方案的提出上。通过深入理解问题的本质，设计者能够为问题找到更为根本的解决途径，而非仅仅应付表面症状。这种深度的思维模式要求设计者在解决问题的过程中思考问题的根本原因，以便提供更具深度和可持续性的解决方案。

最后，设计思维的思维模式具有灵活性。这种灵活性体现在设计者对问题的敏感性和对不同思维方式的灵活运用上。设计者需要具备跨学科的综合思维，能够运用多元的思考方式来应对不同类型的问题。灵活性的思维模式使得设计者能够更好地适应快速变化的设计环境，更好地应对复杂多变的设计挑战。

（二）设计思维在环境艺术设计中的应用

1. 解决实际问题的应用场景

在环境艺术设计领域，设计思维的应用场景主要体现在解决实际问题的过程中，其中包括空间利用、环境美化以及用户体验等方面。设计者通过运用设计思维，能够系统性地思考并解决各种复杂的设计问题，从而提高设计作品的实用性和效果。

首先，设计思维在空间利用方面发挥了重要作用。在环境艺术设计中，空间的合理利用直接影响设计作品的布局和整体效果。通过运用设计思维，设计者能够对空间进行深入的分析和优化，考虑不同功能区域的布局、流动线的设计以及空间元素的组织。这种系统性的思考方式使得设计者能够更好地利用有限的空间资源，实现空间的高效利用，为用户提供更为便捷和宜居的环境。

其次，设计思维在环境美化方面发挥了关键作用。环境艺术设计旨在创造具有美感和舒适感的环境，而设计思维为实现这一目标提供了方法和策略。通过观察、理解环境特征以及运用美学理论，设计者能够有针对性地进行设计，考虑色彩搭配、材质选择、景观布局等方面，使设计作品呈现出更为美观和谐的效果。设计思维在美学的引导下，使环境艺术设计不仅仅满足了功能性需求，更注重艺术性和审美性的表达。

最后，设计思维在提升用户体验方面发挥了重要作用。用户体验是环境艺术设计的核心关注点之一，而设计思维通过深入理解用户需求和行为，为设计者提供了关键的工具。通过与用户的互动、调研和观察，设计者能够运用设计思维分析用户的期望和反馈，以确保设计的作品更贴近用户需求。这种以用户为中心的设计方法使得环境艺术作品更具个性化和用户参与感，提升了用户在设计空间中的整体体验。

2.深入理解用户需求

设计思维在环境艺术中的另一个重要应用是深入理解用户需求。这一过程是通过观察、访谈和调研等手段，设计者能够有效地应用设计思维，以更全面、深入的方式分析用户的期望和反馈，从而更好地满足他们的需求。这种以用户为中心的设计方法为环境艺术作品赋予了更具个性化和用户参与感的特质。

首先，观察是深入理解用户需求的重要手段之一。通过仔细观察用户在特定环境中的行为、偏好和反应，设计者能够获取直观的用户信息。这种观察不仅仅是关注用户的表面需求，更注重捕捉用户在真实环境中的实际行为和体验。设计者运用设计思维，通过观察获取的信息，能够更准确地把握用户的需求和期望，为后续的设计决策提供有力支持。

其次，访谈是与用户深入沟通的方式之一。通过与用户的直接对话，设计者能够了解用户更深层次的需求、喜好和期望。设计思维在访谈中发挥作用，设计者不仅仅询问用户对环境的感受，更关注用户的情感体验、文化背景以及个体差异等因素。这种深入的访谈方式有助于设计者更全面地理解用户的主观感受，为后续的设计工作提供更有针对性的方向。

最后，调研是深入理解用户需求的重要环节。通过系统性的调查研究，设计者能够收集更广泛、更深入的用户信息。设计思维在调研中的应用包括问题定义、研究方法选择以及数据分析等方面。通过科学的调研手段，设计者能够获得更具有说服力的数据支持，以更准确地理解用户需求的多样性和变化趋势。

这种以用户为中心的设计方法使得环境艺术作品更具个性化和用户参与感。通过深入理解用户需求，设计者能够更好地把握用户的期望，从而在环境艺术设计中注入更具个性和情感共鸣的元素。用户参与感体现在设计过程中，设计者在理解用户需求的基础上，通过与用户的互动和反馈，使用户成为设计的合作者，提高了用户对作品的认同感和满意度。

二、实践中设计思维的整合方式

（一）跨学科协作

1.设计思维强调跨学科的整合

设计思维的本质在于强调跨越学科的边界，倡导不同领域知识和经验的整合，从而形成一种综合性的思考方式。这种综合性的思考方式使得设计者能够超越单一学科的限制，从多个学科角度审视问题，产生更富创造性和全面性的解决方案。

首先，设计思维的跨学科整合强调多元知识的融合。传统的学科划分往往导致知识的碎片化，设计思维则鼓励设计者跨越学科的界限，将不同领域的知识和经验整合在一起。这样的跨学科整合有助于打破学科壁垒，使设计者能够汲取更广泛的知识，从而在解决问题时能够更全面地考虑各种因素。

其次，设计思维的跨学科整合强调综合性思考。在面对复杂的设计问题时，单一学科的视角往往难以涵盖所有相关因素。设计思维通过强调综合性思考，鼓励设计者从多个学科角度同时思考问题，以获得更全面的理解。这种思考方式有助于挖掘问题的深层次本质，为创新性的解决方案提供更坚实的基础。

再次，设计思维的跨学科整合强调协同工作。设计问题通常涉及多个领域的知识，而设计者需要与其他领域的专业人士进行协作。通过与其他学科专业人士合作，设计者能够将不同领域的专业知识和经验融入设计中，形成更具深度和广度的作品。这种协同工作的方式有助于集思广益，促进创新性的设计解决方案的涌现。

最后，设计思维的跨学科整合强调创造性思维的激发。在跨学科的交叉融合中，设计者能够接触到来自不同学科的新思想、新方法和新观点，激发创造性思维的火花。这种创造性思维的激发有助于设计者更具独创性地思考和解决问题，推动设计领域的创新和发展。

2. 与其他领域的专业人士合作

跨学科协作的关键在于与其他领域的专业人士建立合作关系，共同将不同领域的专业知识引入设计过程，为作品注入更全面、更专业的元素。与建筑师、心理学家、工程师等专业人士的紧密协作成为设计思维的一项重要实践，促使设计者能够在跨学科的融合中获得更深层次的洞见。

首先，与建筑师的合作是跨学科协作中重要组成部分。建筑师在设计空间、结构和形式方面拥有专业知识，与环境艺术设计的目标紧密相关。通过与建筑师的合作，设计者能够更好地理解和考虑空间布局、建筑结构以及环境与建筑的相互关系。建筑师的专业视角有助于设计者在创作过程中更好地融入建筑元素，使设计作品更具空间感和整体性。

其次，与心理学家的合作能够深化对用户需求和体验的理解。心理学家在人类行为、认知和情感等方面有着深厚的专业知识。通过与心理学家的密切合作，设计者能够更全面地了解用户的心理反应、情感体验和行为习惯，从而更好地调整设计方案，使之更符合用户的心理预期。这种跨学科合作有助于设计者创造出更具人性化和情感共鸣的环境艺术作品。

再次，与工程师的协作也是跨学科合作中的关键环节。工程师在技术和可行性方面拥有专业知识，能够为设计者提供实用性和可操作性的建议。与工程师的紧密合作可以确保设计方案的可行性，避免在实施阶段出现技术上的困难。通过工程师的专业支持，设计者能够更加自信地进行创新性尝试，实现设计愿景与技术实现的有效结合。

最后，与其他领域的专业人士，如生态学家、社会学家等进行合作，也能够为设计带来更广阔的视野。生态学家的参与可以促使设计更注重可持续性和生态友好性，而社会学家的参与有助于更深入地考虑文化、社会因素对设计的影响。这种多领域专业人士的协作扩展了设计者的视野，丰富了设计方案的内容，使作品更具包容性和社会责任感。

3. 创造全面、有深度的作品

通过跨学科协作，设计者能够在环境艺术设计中创作出更全面、更有深度的作品。这种协作不仅使得设计者能够关注艺术性和美感，还能够满足实际需求，从而使设计作品更符合人类的多方面需求。

首先，跨学科协作强调多元视角的整合。艺术性和美感是环境艺术设计的重要追求，而不同学科的专业人士在审美标准和艺术观念上可能存在差异。通过与建筑师、心理学家、工程师等不同领域专业人士的合作，设计者能够汲取不同领域的艺术观点和审美理念，实现多元视角的整合。这种整合不仅使设计更加富有创意，还能够在艺术性的基础上考虑到实际需求，形成更为全面的设计方案。

其次，跨学科协作有助于设计作品的功能性和实用性。与工程师的合作可以确保设计方案的技术可行性，使艺术性与实用性得以平衡。设计者通过与工程师共同研究材料、结构和技术细节，可以更好地理解设计作品的实际可行性，并在艺术表达中融入实用性的考量。这种协作方式使得设计作品既具有审美价值，同时也能够满足用户的功能性需求。

再次，跨学科协作还促使设计者更深入地关注用户体验和心理需求。与心理学家的合作能够为设计者提供深入的用户洞察，帮助理解用户的情感反应、行为习惯和期望。通过考虑用户的心理需求，设计者能够创作出更贴近人类体验和情感共鸣的作品。这种关注用户体验的设计方式不仅使作品更具有深度，还提高了作品与用户之间的情感连接。

最后，跨学科协作使得设计者能够在环境艺术设计中实现更全面的人本主义设计理念。通过将艺术性、实用性和用户体验综合考虑，设计者能够创作出更具有社会责任感和人文关怀的作品。这种人本主义设计理念强调设计的目的是服务人类，使设计作品更贴近人们的生活、情感和需求，从而实现设计的更高层次价值。

（二）用户参与反馈

设计思维强调用户参与，将用户视为设计过程的重要参与者。这种设计方式突破了传统的设计师中心主义，注重倾听用户的声音，以确保设计更贴近用户需求。

1. 与用户的互动

通过与用户的互动，设计者能够在环境艺术设计中更深入地理解用户的需求和期望。这种直接的沟通方式不仅有助于捕捉用户的真实感受，还为设计提供了直接而有力的反馈，从而促使设计更加贴近用户的实际需求和体验。

首先，与用户的互动提供了直接获取用户反馈的途径。通过实际的对话、问卷调查、座谈会等形式，设计者能够直接倾听用户的意见和看法。这种直接的反馈机制有助于设计者更全面地了解用户对环境艺术作品的感受、喜好以及期望。设计者可以通过用户的言辞和表达方式，感知到用户在感知、情感和需求方面的细微差异，从而更有针对性地调整和改进设计方案。

其次，与用户的互动促进了用户参与设计过程。通过与用户进行合作和互动，设计者能够使用户成为设计过程的一部分，提升用户的参与感。这种参与感使得用户能够更加投入设计中，从而提出更为深刻的意见和建议。用户参与不仅仅是一种反馈，更是一种共同创造的过程，使得设计更加符合用户的期望和价值观。

再次，与用户的互动有助于解读用户的非言语反馈。除了直接的言语表达，用户在互动过程中的姿态、表情、动作等非言语因素也包含丰富的信息。设计者通过观察和理解这些非言语反馈，能够更深入地了解用户的情感体验和态度。这种综合性的观察方式使得设计者能够更全面地捕捉用户的感知和需求，为作品的优化提供更多层次的参考。

最后，与用户的互动有助于建立更紧密的设计与用户关系。通过积极互动，设计者能够建立起与用户之间的沟通和信任桥梁。这种紧密的关系有助于设计者更好地理解用户的生活方式、文化背景和个体差异，为设计提供更有针对性的解决方案。用户的参与和互动不仅使得设计更为用户定制，同时也增强了用户对设计作品的认同感和满意度。

2.反馈机制促使设计不断演进

设计思维中的用户参与并非一次性的事件，而是一个持续的过程。通过建立反馈机制，设计者能够实现与用户的持续互动，从而在实践中不断演进，优化设计方案，使之更符合用户的期望。这种持续的反馈循环构成了设计思维的重要组成部分，推动着设计不断迭代与进化。

首先，反馈机制实现了及时的信息回馈。设计者通过与用户建立的反馈渠道，可以迅速获取用户对设计作品的评价、建议和意见。这种及时的信息回馈使得设计者能够迅速了解用户的期望和需求，发现设计方案中存在的问题，并在反馈的基础上作出相应的调整。这种实时性的反馈机制有助于在设计过程中快速响应用户的反馈，从而使设计更具灵活性和适应性。

其次，反馈机制促使设计者不断学习和改进。通过分析用户的反馈，设计者可以深入了解用户的好恶、习惯和期望，从而对设计作品进行更深入的评估。这种学习的过程使得设计者能够不断积累经验，更好地理解用户的心理和行为。通过学习用户的反馈，设计者能够发现潜在的问题和改进的空间，进而对设计方案进行有针对性的改良。

再次，反馈机制有助于建立设计与用户之间的互信关系。用户参与反馈过程使得用户感到被重视和关心，增强了用户对设计过程的信任感。用户在设计中的参与不仅仅是单向的反馈，更是建立起一种共同探讨和改进的合作关系。这种互信关系为设计者提供了更深入的用户洞察，使得设计更加贴近用户的真实需求和期望。

最后，反馈机制推动了设计的不断演进。设计者通过对用户反馈的分析和总结，可以发现设计中存在的问题和不足之处，从而有针对性地进行调整和改进。这种不断演进的过程使得设计能够与用户需求保持同步，更好地适应不断变化的环境和社会背景。设计者通过不断地接受和采纳用户的反馈，实现了设计思维中的循环性和创新性。

第二节 美学理论与设计创新

一、美学理论对设计创新的启示

（一）美学与审美体验

1. 美学理论的基本原理

美学理论作为深刻研究美的本质和审美体验的学科，为设计提供了深刻的启示。美学在设计中强调对美的感知和理解，通过涉及视觉、听觉、触觉等感官层面的体验，为设计者提供了丰富的元素和原理。

美学理论的基本原理涵盖了多个方面，其中之一便是对称。对称是美学中的重要概念，通过平衡和对称的元素组合，设计者能够创造出和谐、稳定的视觉效果。对比之下，不对称设计可能产生引人注目的效果，但对称往往在设计中能够传递一种安定感和秩序感。

美学理论的另一个基本原理是比例，它关注元素之间的大小关系。通过恰到好处的比例，设计者能够调整作品的视觉层次，使观者在欣赏作品时感到舒适而自然。艺术作品和环境设计中的比例原则在创造整体美感方面起到了关键作用。

色彩是美学中一个引人注目的元素，色彩理论研究了不同颜色在人们心理和情感上的影响。设计者通过运用色彩的对比、搭配和饱和度的调整，能够引导观者产生特定的情感和体验。色彩在环境艺术设计中具有强大的表达力，能够传达出设计者想要表达的情感和主题。

形状是美学理论中另一个关键的元素。不同形状的组合和排列方式能够产生多样化的视觉效果，从而影响观者的感知和体验。在环境艺术设计中，形状的选择和运用能够为空间赋予独特的氛围和个性。

美学理论还关注艺术作品如何引起观者的情感共鸣。通过深刻研究和探讨，美学理论揭示了艺术作品如何触发观者的情感反应。情感共鸣是美学作品成功的关键因素之一，它使观者更深刻地理解和体验作品所要传达的信息。

通过这些基本原理，设计者能够更系统地理解美的构成要素，从而在环境艺术设计中创造出更具感染力和吸引力的作品。美学理论为设计者提供了一种理论框架，帮助他们更好地理解和运用美学元素，创造出具有深度和表现力的环境艺术作品。

2.美学与空间设计

美学理论在空间设计中的应用是至关重要的，它为设计者提供了深刻的理念和原则，使他们能够更精准、更有创意地处理空间的布局、形状和装饰，以创造出具有美感的环境。

（1）黄金分割原理的优化空间比例

黄金分割原理是美学中一项经典的原则，通过将空间划分为特定比例的部分，创造出对人眼感觉和谐的效果。在空间设计中，运用黄金分割原理有助于优化空间的比例，使其更加和谐、舒适。例如，在商业空间的陈列设计中，黄金分割原理可用于确定陈列品与整体空间的比例，使观者感到布局井然有序，产生更好的视觉效果。

（2）色彩运用与情感共鸣的创造

美学理论强调色彩对人情感和感知的影响，这在空间设计中具有重要价值。设计者通过深刻理解不同颜色的心理效应，能够创造出引起观者情感共鸣的色彩搭配。例如，在餐饮空间设计中，温暖的色调如红色和橙色可以营造出愉悦、热烈的氛围，而冷色调如蓝色和绿色可以创造出宁静、清新的感觉。通过精心运用色彩，设计者能够塑造出空间的情感氛围，使观者在其中产生愉悦的体验。

（3）形状和结构的审美构建

美学理论关注形状和结构的审美构建，这对空间设计来说尤为关键。通过选择不同形状的家具、装饰品或建筑结构，设计者能够营造出独特的空间氛围。例如，在住宅区域设计中，使用曲线形状的建筑结构和家具能够产生柔和、温馨的感觉，利用直线和角形状则可能创造出现代感和简洁感。形状的运用使得空间设计更具个性和独特性。

美学理论的应用不仅仅是为了美感的追求，更是为了创造出能够引起观者情感共鸣的空间。通过深入理解和运用美学原理，设计者能够使空间设计更富有深度、更具有表达力，使观者在其中获得更为丰富和深刻的审美体验。

3.审美体验与用户参与

美学理论强调审美体验是一个与观者的互动过程，这一理念在空间设计中具有关键的意义。通过深入理解观者的心理和感知机制，设计者能够更好地预测和引导观者的审美体验，使其成为一个富有互动性和参与感的过程。

（1）审美体验的互动过程

美学理论认为审美体验是一个主观而活跃的过程，需要观者的主动参与。观者不仅是接受美学作品的对象，还可以通过主观感知和情感参与其中。这种互动过程涉及观者的感知、认知、情感反应多个层面，使审美体验变得更为丰富和个性化。

（2）关注用户体验的设计方式

美学理论强调设计者需要关注用户体验，理解观者的感知和认知方式，以更好地塑造和引导审美体验。在环境艺术设计中，设计者站在观者的角度，可创造出更加贴近观者需求和期望的作品。这种关注用户体验的设计方式使得作品更具有用户友好性，观者能够更轻松、愉悦地与作品互动。

（3）设计作品的用户友好性和互动性

将审美体验与用户参与融入设计过程，设计者能够创造出更具深度和层次感的环境艺术作品。考虑观者在空间中的感知过程，通过合理的布局、独特的设计元素和引导性的体验路径，设计者能够激发观者的好奇心和参与欲望。这种设计方式使得观者能够更主动地与作品互动，产生更为深刻和个性化的审美体验。

通过美学理论的引导，设计者能够更有意识地引导观者在空间中的感知过程。例如，通过设置引导性的视觉焦点、创造丰富的视觉层次、运用光影效果等手法，设计者能够使观者在空间中的探索变得更加有趣和引人入胜。这种引导性的设计方式使得观者更容易沉浸在环境艺术作品中，获得更为丰富和有深度的审美体验。

（二）情感共鸣与设计创新

1.情感共鸣的力量

情感共鸣是美学理论中关注的核心概念，其力量在艺术作品中具有深远的影响。美学理论认为，通过引发观者的情感共鸣，艺术作品能够在观者心灵深处建立起有力的连接，这被视为设计的关键目标之一。情感共鸣不仅使观者更深刻地理解和感受作品所传达的信息，而且加强了观者与作品之间的情感互动。

在环境艺术设计中，情感共鸣的力量体现为设计作品能够引发观者情感共鸣，使他们在与作品互动的过程中产生深刻的情感体验。这一过程包括观者对作品所表达情感的共鸣、对作品所呈现场景的情感回应以及对作品所激发的记忆和情感的共振。美学理论通过深刻地研究情感共鸣的机制，为设计者提供了有力的指导，使设计作品更具深度和情感表达。

情感共鸣的机制包括对情感因素的敏感洞察和对观者情感需求的理解。设计者需要通过细致入微的观察和对人类情感心理学的研究，洞察观者在特定情境下产生的情感反应。美学理论提倡设计者深入挖掘并表达作品所蕴含的情感元素，以引起观者共鸣。这可能涉及对色彩、形状、材质等设计元素的精心选择，以唤起观者特定的情感体验。

情感共鸣的力量还表现在作品能够触发观者的个体经历和记忆的共振。通过巧妙运用象征性元素、情感符号或者对历史文化的引用，设计者能够唤起观者与作品相关的个人或集体记忆，从而深化观者对作品的情感参与。这种情感参与不仅使观者对作品产生更为深刻的认同，还促使他们在情感上更为投入，形成与作品之间更为紧密的联系。

2.情感导向的设计创新

美学理论的情感导向设计方式为设计创新提供了有力的引导，将情感因素融入设计过程，注重观者的情感体验。情感导向的设计创新不仅强调作品的形式美，还着眼于作品所传达的情感信息。通过这种设计方式，设计者能够深入挖掘和表达各种情感，使作品更具个性化、观赏性和深度。

情感导向的设计创新强调以下几个方面的重要性：

首先，关注观者的情感体验。情感导向的设计注重观者在与作品互动时所产生的情感体验。通过细致入微的设计元素选择、情感符号运用以及对人类情感心理学的深入理解，设计者能够创造出触发观者情感共鸣的作品。这种关注观者情感体验的设计方式使得作品更能引起观者的共鸣，提高了作品的观赏性和吸引力。

其次，挖掘和表达多样化的情感。情感导向的设计创新鼓励设计者深入挖掘和表达各种情感，包括喜悦、愉悦、悲伤、惊奇等。通过巧妙运用色彩、形状、材质等设计元素，设计者能够创造出传达特定情感的作品。这种多样化的情感表达使得设计作品更具深度，能够满足观者在不同情境下的情感需求。

最后，推动创新的发生。情感导向的设计方式不仅关注形式美，还注重情感信息的传达。这种注重情感的设计创新推动了创新的发生，使设计作品更富有独特性和创造力。通过将情感因素融入设计过程，设计者能够突破传统设计思维，提供更为丰富、个性化的设计方案，推动整个设计领域的创新。

3.观者参与情感共鸣

美学理论强调观者的参与是情感共鸣的关键，通过引导观者参与作品的感知和解读过程，设计者可以加强观者与作品之间的情感连接。这种观者参与的设计方式在环境艺术中具有重要意义，不仅促进了情感共鸣，还使设计作品更加开放、有趣和引人入胜。

观者的参与不仅仅是对作品的观看，还包括观者在作品中的体验和互动。设计者可以通过在展览空间中引入互动元素，创作出观者可以参与的艺术作品。这种互动性的设计能够激发观者的主动性，使其成为作品创作和解读的一部分。例如，设计一个与观者互动的装置或提供可操作的展品，观者可以通过自己的参与感受到作品所传达的情感信息。

观者的主动参与不仅加深了他们对作品的理解，还强化了情感共鸣。通过参与作品的创作和解读，观者更容易产生与作品相关的情感体验，并在互动中建立起更为深刻的情感连接。这种情感共鸣的加强使得作品不再是单向的表达，而是与观者之间形成了更为密切的互动关系。

设计中引入观者参与的元素还能够使作品更加开放和有趣。观者在参与作品的过程中，可以根据个人的体验和感受赋予作品不同的解读，使作品呈现出多样性和丰富性。这种开放性的设计方式为观者提供了更大的自由度，使他们能够在作品中发现新的层次和意义。

二、美学与设计之间的关联

（一）美学元素在设计中的运用

美学元素，如对比、平衡、重复等，在设计中扮演着关键角色。对比可以凸显不同元素之间的差异，产生强烈的视觉效果。平衡是在设计中分配和组织元素，使整体呈现出稳定与和谐的感觉。重复则是通过重复相似的元素，强调一致性和统一感。深入理解这些美学元素的运用，设计者能够更巧妙地构建环境，实现美的传达。

例如，在公共空间设计中，通过对比不同材质、颜色的运用，设计者可以营造出丰富多彩或者冷静简约的氛围。平衡的运用可以在商业空间中确保陈列品的平衡分布，使整个空间显得有序而不杂乱。重复地运用可以通过相似的设计元素强化品牌形象，增加空间的辨识度。这些美学元素的运用使得设计更加有层次感、引人入胜，并能够引导观者在空间中产生更深层次的体验。

（二）美学与文化的交融

1. 文化对美的理解和评价的影响

美学与文化相互交融，设计师需要考虑不同文化对美的理解和评价。不同的文化背景会影响人们对美的偏好、审美标准以及对色彩、形状等美学元素的解读。因此，在设计过程中，设计者需要敏感地对待文化差异，以创造出既独特又具有跨文化共鸣的作品。

例如，东方文化可能更注重内敛、含蓄，对于柔和的色调和曲线设计更为偏好；而西方文化可能更倾向于直接、开放，对于明亮的颜色和简洁的线条设计更为接受。在国际化环境设计项目中，设计者需要平衡各种文化元素，以确保设计作品能够在全球范围内引起观者的认同和欣赏。

2.跨文化共鸣的设计挑战与机遇

美学与文化的交融既带来了设计的挑战，也为设计师创作出具有全球影响力的作品提供了机遇。设计者需要充分理解并尊重不同文化的审美观念，同时在设计中寻找能够跨越文化差异的共同之处。通过合理融合不同文化元素，设计者可以创作出融通中西、东西合璧的设计作品，使观者能够在跨文化的环境中产生共鸣和情感连接。

在地方性环境设计案例研究中，设计者可能面临着追求本地文化特色与全球化审美趋势的平衡。通过深入了解当地的传统、价值观念以及审美观，设计者能够巧妙地融入本土文化元素，使设计作品既反映当地特色，又具有与国际标准接轨的现代感。

第三节 技术与设计的融合

一、技术对设计的推动作用

（一）技术引领设计趋势

1.技术的迅猛发展

技术的迅猛发展是当代设计创新的关键推动力。信息技术、材料科学和工程技术的快速突破为设计领域带来了前所未有的机遇和挑战。这一迅速变革的背后，是设计者得以借助先进技术实现了以前难以想象的设计构想，为设计创新提供了新的可能性。

在信息技术方面，数字化的时代为设计带来了全新的范式。计算机辅助设计（CAD）和虚拟现实技术使得设计者能够以更高效、精准的方式进行设计和模拟。

这种数字化的工具和平台为设计师提供了更广阔的创作空间，加速了设计创新的步伐。

同时，材料科学的进步也为设计提供了更多的可能性。新材料的发现和应用使得设计者可以创作出更轻、更强、更耐用的作品。高性能材料的应用使得设计不再受于传统材料的限制，促使设计者勇于突破传统，创造更具前瞻性和独创性的设计。

工程技术的发展为设计带来了更高水平的实现能力。先进的制造技术，如3D打印、数控加工等，使得设计者能够更灵活地将复杂设计转化为实际作品。这些技术的普及提高了设计实践的效率和灵活性，推动了设计的前沿性。

在这一快速发展的背景下，设计者不仅能够更迅速地将创意付诸实践，还能够在设计中更加注重实用性、用户体验和可持续性。技术的迅猛发展为设计提供了更多的工具和资源，使得设计不仅仅停留在艺术层面，而更关注解决实际问题、满足用户需求。

2.数据驱动设计

技术的发展带来了数据驱动设计的新时代，为设计过程注入了更加精确和智能的元素。随着信息技术的飞速发展，设计者现在能够更便捷地获取和分析大量的数据，从而使设计过程更加科学化。

数据驱动设计的核心理念在于通过对用户行为、趋势和反馈机制的深入分析，利用数据为设计提供更精准的指导。设计者可以通过收集用户的实际使用数据、反馈意见以及市场趋势等信息，进行全面而深入的分析。这使得设计不再仅仅依赖于设计者的主观判断，而是基于客观、客户导向的数据支持进行决策。

数据驱动设计的一个重要方面是用户行为分析。通过监测和分析用户在设计作品中的交互行为，设计者能够了解用户的偏好、习惯和需求。这样的数据反馈能够为设计提供直观而具体的参考，使设计更符合用户的期望。

趋势分析也是数据驱动设计的关键组成部分。通过对市场和行业趋势的深入研究，设计者能够更好地把握潜在的设计方向。这有助于设计作品更具前瞻性，能够更好地适应未来的需求和变化。

反馈机制是数据驱动设计中不可或缺的重要环节。通过引入用户反馈机制，设计者能够及时了解用户对设计作品的评价和建议。这种循环反馈使得设计过程更具动态性，能够不断进行优化和调整，确保最终的设计更加贴近用户需求。

（二）技术创新与设计融合

1.新材料的应用

先进材料科学的发展为设计带来了深远的变革，开创了设计领域的新时代。设计者在当代可以充分利用高性能、环保的新材料，从而打破传统设计的种种限制，为创造更轻、更耐用、更具创意的作品提供了广阔的空间。

新材料应用的其中一个方面是高性能材料的应用。随着先进材料科学的不断推进，诸如碳纤维复合材料、高强度合金等高性能材料的应用得以普及。这些材料具有出色的强度、轻量化特性，为设计者提供了更广泛的选择。通过使用这些高性能材料，设计者能够创作出更轻盈、更结实的作品，实现了传统材料无法达到的设计理念。

环保材料的崛起也是设计中的重要趋势。随着对环境影响的关注不断增加，设计者开始倾向于使用可持续、可回收的材料。生物可降解材料、再生材料等新型环保材料的应用，不仅减少了人们对自然资源的依赖，还有助于降低设计作品对环境的负面影响。这一趋势使得设计更加符合当代社会对可持续性的追求。

智能材料的崭新应用也为设计带来了颠覆性的可能。具有感应、反应、适应等特性的智能材料，使得设计作品能够更主动地与环境、用户互动。例如，响应温度变化的智能材料可以创造出温感性的设计，为用户提供更加智能化的体验。这种材料的运用丰富了设计的表现形式，推动了设计的创新和科技化。

2.制造技术的提升

制造技术的不断提升为设计领域注入了新的活力，极大地提升了设计的实质性和创新性。在现代制造技术的推动下，设计者可以更灵活地将复杂的设计理念转化为实际的作品，推动了设计实践的创新与发展。

3D打印技术的广泛应用是制造技术提升的显著体现。3D打印技术通过逐层堆叠材料来构建物体，使得设计者能够实现更为复杂和精细的结构。这种技术的灵活性和高度可定制性使得设计者能够更自由地表达创意，同时降低了制造复杂结构的难度。从而，设计者能够更加容易地在实践中尝试新的设计概念，推动了设计实践的前沿发展。

数控加工技术的成熟应用也是制造技术提升的关键因素之一。数控加工通过计算机控制工具和工件的相对运动，实现精密的切削和加工。这种高度自动化的制造方式提高了生产效率，同时确保了产品的高质量和精准度。对于设计者而言，数控加工技术为他们提供了更多材料的选择和更短的制造周期，有助于实现更具创新性和实用性的设计。

除此之外，先进的材料加工技术、激光切割技术等也为设计者提供了更多的制造工具。这些技术的广泛应用使得设计者能够更加高效地将设计概念转化为真实的产品，推动了设计的实践和创新。

二、设计中技术与创新的结合

（一）技术驱动创新设计

1. 创新设计的技术支持

技术在设计领域的不断进步为设计师提供了更为广阔的创新空间，为创造性的设计作品提供了新的支持。从虚拟现实到人工智能，各种先进技术的应用拓展了设计的边界，激发了设计师的创造力，使他们能够更全面、更深入地表达设计理念。

虚拟现实技术是其中一个重要的创新手段。通过虚拟现实技术，设计师可以创建虚拟的三维环境，使用户能够身临其境地体验设计作品。这种互动性和沉浸感不仅提升了用户体验，还为设计师提供了更真实的创作环境。设计师可以在虚拟现实中模拟和测试各种设计方案，更好地预测作品在实际环境中的表现，从而优化设计。

人工智能（AI）的应用也为设计带来了革命性的变化。通过机器学习和深度学习算法，人工智能能够分析大量的数据并生成智能化的设计建议。设计师可以借助人工智能工具快速生成设计草图并优化布局，甚至通过算法生成独特的设计元素。这种与人工智能的协作使得设计师能够更高效地探索各种设计的可能性，加速创新的过程。

数字化工具的普及也是创新设计技术支持的一部分。设计师可以使用各种数字工具进行设计、绘图和模拟，实现对设计细节的更为精确的掌控。数字化工具提供了更多的设计自由度，使得设计师能够更灵活地表达自己的创意。

2. 技术的普及与用户体验

技术在设计中的广泛普及不仅仅是实现具体功能的手段，更是对用户体验产生深远影响的关键因素。设计者通过巧妙地整合和运用技术，不仅可以提升产品或环境的功能性，还能够改善用户的使用体验，从而提高整体的用户满意度。

第一，技术的普及使得产品或环境更加智能化和便捷。例如，在智能家居设计中，设计者可以利用先进的传感技术、自动化控制系统以及人工智能算法，使居住环境更加智能、自动化，提供更为便利的生活体验。这种技术的融合不仅为用户创造了更加舒适的生活空间，还提高了用户在家居环境中的便捷感。

第二，技术的运用也可以优化用户界面和交互设计，提升用户体验的友好性。例如，在移动应用设计中，合理运用触控技术、手势识别等先进技术，可以使用户在使用过程中更加轻松自然地与应用进行互动，提高了用户的使用体验。通过引入直观、智能的交互方式，设计者可以更好地满足用户的期望，提高用户的满意度。

第三，技术的普及还为用户提供了更为个性化和定制化的体验。通过数据分析和个性化算法，设计者可以根据用户的偏好和习惯，为其提供个性化定制的产品或服务。这种定制化的设计不仅能够满足用户的个性需求，还使用户在使用过程中更加享受独特的体验。

（二）技术与可持续设计的结合

1. 环保技术的应用

技术的迅猛发展为可持续设计提供了丰富的选择，其中环保技术的广泛应用成为推动绿色设计实践的重要因素。环保材料、清洁能源等技术的引入，使得设计更加符合生态和可持续发展的理念，为构建环保友好的设计作品提供了强大的支持。

首先，环保材料的应用是可持续设计中的重要一环。随着环保意识的提高，设计者越来越注重选择对环境友好的材料，如可回收材料、生物降解材料等。这些材料科学的创新为设计提供了更多环保的选项，减少了对自然资源的依赖，降低了对环境的负面影响。通过采用这些环保材料，设计者能够在实践中践行可持续设计的理念，推动整个设计行业向更为环保的方向发展。

其次，清洁能源技术的广泛应用也是环保技术在设计中的重要体现。设计者在空间规划和建筑设计中可以充分利用太阳能、风能等清洁能源，降低能源消耗，减少对传统能源的依赖。这不仅有助于减少碳排放、降低环境污染，还能够在设计中体现对可持续发展的承诺。清洁能源技术的引入使得设计作品在能源利用方面更为可持续，为建筑行业的可持续发展做出积极贡献。

2. 智能化环境设计

智能化环境设计是技术应用的重要领域，通过将智能技术融入环境设计，实现更高水平的自动化和智能化。这一趋势体现在智能家居、智能办公空间等设计中，其中融入的技术元素使得环境更贴合人们的生活和工作需求，为用户提供更便捷、智能的生活体验。

在智能家居设计中,技术的智能化应用使得居住环境更加智能、舒适。智能家居系统通过感应技术、语音识别等手段,能够实现对家庭设备的智能控制,提高生活的便利性。例如,智能灯光系统能够根据用户的习惯和光线需求进行智能调节,智能温控系统能够根据环境变化实现温度的智能调控,为用户打造出更加宜居的居住环境。

在智能办公空间设计中,技术的智能应用则更加注重提升工作效率和员工体验。智能化的办公设备、智能会议系统等技术元素的融入,使得办公空间更加灵活、智能。例如,智能办公桌椅可以根据员工的工作习惯和健康状况进行调整,智能会议系统能够实现语音识别、图像分析等功能,提高会议效率。这些智能技术的应用不仅使得办公环境更加舒适,还能够提升整体的工作效率和员工满意度。

第四节 文化与设计的互动

一、文化的多样性与设计取向

(一)地域文化的影响

1. 东方文化的设计取向

东方文化的设计取向深受自然与平衡的影响,体现了对自然元素的尊重以及对平衡美的追求。在这一设计理念中,设计师通过对色彩、形式和符号的巧妙选择,展现出一种与自然和谐相处的态度,从而使设计作品具备亲和力和宁静感。

在东方文化的设计中,自然元素被视为灵感的源泉和设计的核心要素。设计师常常从自然中汲取灵感,运用大自然的色彩、形态和纹理,以在作品中呈现出一种与自然相契合的美感。这种对自然元素的尊重不仅是对环境的关怀,也是对生命力的敬畏,通过设计传递出一种对生态平衡的呼吁。

平衡美是东方文化设计中一个重要的审美标准。设计师追求在作品中达到一种和谐、平衡的艺术效果,使观者感受到内外统一的美感。这种平衡不仅是在形式上的对称,还包括在色彩、材质和空间搭配上的平衡。通过巧妙的设计手法,东方文化的作品常常呈现出一种平静而深沉的美感,给人以宁静的心灵享受。

色彩在东方文化设计中扮演着重要的角色，通常呈现出淡雅和柔和的特点。深受传统文化的熏陶，东方设计偏好使用自然色彩，如清雅的绿色、宁静的蓝色和温暖的土色。这些色彩的选择旨在营造出一种温馨、舒适的氛围，使观者感受到宁静与安宁。

形式和符号的运用也是东方文化设计的重要方面。传统的文字符号、图案和装饰常常被融入设计中，不仅富有文化内涵，还具有独特的审美意义。通过这些形式和符号的运用，设计作品不仅仅是视觉的享受，更是文化传承和精神沟通的媒介。

2.西方文化的设计取向

西方文化的设计取向强调个体表达和创新，体现在作品中的大胆颜色搭配、创新形式和独特符号的运用。相较于东方文化的平衡与自然，西方设计更注重个性的彰显，通过设计元素的突破性运用，展示独特的观点和理念。

在西方文化的设计中，个体表达是一个核心概念。设计者倾向于通过作品表达个人独特的思想、情感和观点。这体现在颜色的运用上，西方设计通常敢于采用明亮且对比强烈的颜色，以引起观者的注意并传达出强烈的个性。色彩的大胆运用成为西方设计的一个显著特征，反映了设计者对于表达个体独特性的追求。

创新是西方文化设计的另一个重要特点。设计者鼓励在形式和结构上的创新，致力于打破传统的界限，创造出独一无二的设计语言。这表现在形式的新颖性和独特性上，例如在建筑中采用不寻常的几何形状，或在平面设计中运用非传统的排版方式。西方设计中的创新性追求使得作品更具前瞻性和引领性，不断推动设计领域的发展。

独特符号的运用是西方文化设计中的另一个显著特征。设计者常常通过采用特殊符号或标志，将独特的品牌、理念或文化元素融入作品中。这种符号的使用不仅仅是视觉上的标记，更是对个体或团体身份认同的一种表达。通过这些符号的运用，西方设计在视觉传达中展现了深厚的文化内涵。

（二）民族文化的影响

不同民族的设计取向受其独特的历史和传统文化影响，形成了各具特色的设计风格。设计者在面对多元文化时，必须深入了解并充分尊重各民族的独特文化元素，以在设计中合适地融入并展现出多元文化的独特特色。在当今全球化的时代，设计师面临着将不同文化元素融合为具有共鸣力作品的挑战。

多元文化的影响使设计领域变得更加丰富和多样化。设计者需要打破单一文化的局限，通过深入研究、理解和尊重各个民族的传统，将这些元素融合到设计中，创造出兼容并蓄的作品。这样的设计不仅能够反映出各个文化的独特之处，还能够在全球范围内产生共鸣，促进文化的交流和理解。

在设计中巧妙地融合不同文化元素是一项复杂而富有挑战性的任务。设计师需要以敏锐的洞察力和创造性的思维，将来自不同文化的元素有机地结合在一起，形成具有整体和谐感的设计。这要求设计者不仅要具备对不同文化的深刻理解，还需要有跨文化交流的能力，以确保设计作品既表达了各个文化的独特之处，又呈现出整体的和谐感。

在全球化时代，设计领域的重要课题之一就是如何在作品中体现多元文化，使其具有共鸣力和普适性。这种多元文化的设计不仅是对传统文化的单一呈现，更是在文化碰撞和交流中创造出新的审美语言。设计师的任务不仅是创造美感，更是通过设计作品促进不同文化之间的交流，增进人们对多元文化的理解和尊重。

二、文化的历史传承与设计风格

（一）传统文化元素在现代设计中的运用

1. 尊重历史传统的设计实践

尊重历史传统的设计实践体现了设计师对传统文化的深刻尊重与理解，通过运用传统文化元素，为设计作品赋予深远的文化内涵。这种设计理念的实践既是对历史传统的致敬，同时也是一种对设计的深思熟虑，使作品在视觉呈现的同时传递着历史和文化的精髓。

设计师通过运用传统文化元素，传承和延续了历史的记忆。这包括但不限于传统艺术、手工艺、建筑风格等方面的元素，设计者巧妙地将这些传统元素融入现代作品中，以此对过去的文化进行有意识的传承。这样的设计实践不仅仅是对历史的一种回顾，更是对过去智慧和审美的一种珍视。

这种设计实践同时体现了设计师对历史传统的深刻理解。设计者需要深入研究不同历史时期的文化背景，理解其价值观、审美标准以及艺术表达方式。通过对历史文化的深入挖掘，设计者能够更好地理解传统元素的内涵和象征意义，使这些元素在设计中得以恰如其分地展现。

这种设计实践不仅仅是对历史文化的致敬，更是对设计作品赋予深刻的文化内涵。通过运用传统文化元素，设计者为作品注入了更多的故事性和文化层次，使得作品不仅是视觉上的享受，更是一次文化之旅。这样的设计不仅在形式上具备美感，而且在内涵上蕴含着历史的丰富性，为观者提供了更为深刻的体验。

2. 现代审美的延续与发展

现代审美的延续与发展体现了设计领域对传统文化元素的独创性重新解释与运用。这种实践不仅仅是对过去的简单模仿，更是对传统文化在现代审美中的延续和发展，设计者通过创新性地重新演绎传统元素，为现代设计注入了崭新的生命力。

在这一设计理念中，设计师通过对传统文化元素的重新解释，追求在现代设计中找到传统与现代的完美平衡点。这不仅体现在形式和结构上，更包括对传统意义和象征的重新演绎。通过对传统文化元素进行深入挖掘，设计者试图从中提取出能够与当代审美相契合的元素，使其在现代设计语境中焕发出新的活力。

现代审美的延续与发展涉及对传统文化元素的创新性运用。设计者通过巧妙地将传统元素融入当代设计中，创作出既具有传统韵味又具备现代时尚感的作品。这种创新性的运用不仅丰富了设计领域的表达手段，还为传统文化赋予了新的生命，使之在当代社会焕发出持久的魅力。

通过对传统文化元素的重新演绎，设计者为现代设计注入了新的思想和创造力。这种创新性的实践推动了设计领域的不断发展，为审美标准的演变贡献了新的元素。设计者在对传统元素进行解构和重新组合的过程中，不仅延续了传统审美的精髓，同时也为现代设计注入了更为丰富和多元的内涵。

（二）设计风格的演变与文化历史的关联

1. 设计风格的历史演变

设计风格的历史演变与文化历史的发展密切交织，呈现出一幅丰富多彩的图景。从古典到现代主义，每个时期的设计风格都是社会、政治和文化变迁的产物，反映了时代精神与价值观的演变。

古典时期，设计风格主要受到古希腊和古罗马艺术的影响。这一时期的设计强调对称、比例和秩序感，反映出当时社会对于理性和秩序的追求。建筑、雕塑和绘画中常见的古典元素成为设计的主导特征，体现了对古代文化的尊重和推崇。

文艺复兴时期，设计风格经历了一次重要的转变。人们对古典文化的再次热爱使得设计师开始重新探索古典元素，并赋予其更为个性化的表达。艺术家们在作品中注入了更多个体的情感和表达，形成了一种更加富有个性和独创性的设计风格。

随着工业革命的来临，19世纪末至20世纪初的艺术与工艺运动催生了新的设计潮流。设计师强调手工艺的价值，倡导合理而美观的工艺品。这一时期的设计强调自然主义和手工艺的融合，反映了对工业化带来的机械化生产的反感，追求回归传统工艺的理念。

20世纪初期至中期，现代主义崛起，标志着设计风格的又一次大创新。现代主义强调简洁、功能主义和材料的实用性，摒弃了过去的繁复装饰，追求极简主义的设计理念。这一时期的设计反映了对现代化、科技进步和社会变革的回应，标志着设计风格向更为抽象和实验性的方向发展。

20世纪中期以后，后现代主义的兴起打破了现代主义的统治。设计师开始回归对历史和传统的关注，同时注入更为多元化和复杂的元素。后现代主义的设计风格反映了对单一标准和规范的反叛，强调文化多样性和个性的表达。

2.文化历史对设计师的启发

设计师通过深入研究文化历史，得以启发和汲取灵感，从而创作出独具深度的作品。这一设计实践涉及对不同历史时期的文化元素的深刻理解，并将其巧妙地融入现代设计中，形成融合过去与现代的独特设计风格。这种跨时代的设计实践不仅赋予了作品更为深刻的内涵，同时也丰富了设计领域的审美表达。

通过深入研究文化历史，设计师得以深刻理解不同时期的文化背景、价值观念以及审美趋势。这种深刻的理解使得设计师能够从历史的长河中汲取灵感，吸收丰富多样的设计元素。例如，在古典时期的研究中，设计师可能汲取古希腊和古罗马的对称之美；在文艺复兴的研究中，设计师或许会发现艺术家们对个性表达的追求。这些历史元素的研究成为设计师创作的灵感源泉，激发出对于设计语言的创新和丰富。

设计师通过将历史元素融入现代设计中，创造出独特的设计风格。这种融合不是简单的模仿，而是通过对历史元素的重新解释和创新性地运用，使其焕发出新的生命力。设计师将过去的经典元素与现代的审美趣味相结合，创作出兼具传统底蕴和时代氛围的作品。这样的设计风格既延续了历史的传统，又呈现了对当代审美的独到见解。

这种跨时代的设计实践使得作品更具有深度和内涵。设计师通过对文化历史的深刻了解，能够将作品注入更为丰富的文化内涵中，使其超越单一的时空背景，更具有普适性和持久性。观者在欣赏作品时，可以感受到历史的厚重感和现代的活力，使得作品更富有情感共鸣。

第三章 现代环境艺术设计感知与体验

第一节 环境感知与认知心理学

一、人类对不同环境刺激的感知模式

（一）视觉感知模式

视觉感知模式是人类感知环境中视觉刺激的一种认知结构，涉及光照条件、颜色、形状和结构多个方面。

在光照条件下的感知模式中，实证研究有助于深入了解光照对人类视觉感知的影响。强调光照条件的研究可考察在强光和弱光环境中人类对物体特征的感知差异。在强光环境下，人们可能更加注重物体的表面特征和颜色；而在弱光环境下，形状和轮廓可能更为突出。此外，实验研究可以深入探讨光照条件对人类视觉注意力和觉知的调节机制，为光照条件下的感知模式提供更为全面的认知。

颜色对感知的影响是视觉感知研究的一个重要方向。详细研究不同颜色对情绪、注意力的影响可以揭示颜色在视觉感知中的作用机制。实验设计可以探究人类对于不同色彩刺激的感知模式，进一步了解颜色与认知、情感之间的关系。此外，对于颜色在环境设计中的潜在应用价值的研究有助于指导设计领域的实践，使颜色成为创造有利于情绪调节和注意力引导的环境的重要设计元素。

形状和结构的感知模式研究涉及对不同形状和结构条件下人类对环境中物体感知的系统性考察。通过深入分析形状对深度、远近感的影响，可以建立人类对不同形状的感知模型。实验设计可以探讨人们在感知不同结构条件下的注意力分配和认知策略，从而揭示形状和结构在视觉感知中的关键作用。

（二）听觉感知模式

听觉感知模式是人类对声音刺激的认知结构，包括音高、音量、音色和音质

等方面。深入研究这些听觉属性在感知中的影响，不仅有助于理解听觉系统的工作原理，而且为音乐、环境声音设计等领域提供科学依据。

音高是声音的基本属性之一，对听觉感知产生了深远影响。通过音乐心理学实验，我们可以深入分析人类对不同音高刺激的感知模式，并考察音高在音乐和环境声音中的情感效应。实验设计可以揭示音高在听觉感知中的重要性和作用机制，为音乐创作、心理治疗等提供理论支持。例如，高音可能与愉悦、轻松的情感联系，而低音可能与沉稳、庄重的情感相关。通过深入研究音高对情感的影响，我们能更好地理解音乐和声音在情感传达中的机制。

音量是声音的强度属性，对听觉感知同样具有重要影响。详细研究音量在听觉感知中的作用，包括强度对声音的传达和情感表达。实验设计可以揭示人类对不同音量刺激的感知模式，分析音量调节在环境设计中的潜在应用。音量的调节不仅与声音的远近感有关，还与情感表达紧密相连。例如，较高的音量可能与紧张、激动的情感联系，而较低的音量可能与平静、温和的情感相关。深入了解音量在听觉感知中的作用，有助于合理运用声音元素，提高环境设计的效果。

音色和音质是声音的质感属性，对听觉感知同样至关重要。系统性地考察音色和音质对听觉感知的影响，深入分析不同乐器和声音特征在听觉系统中的加工方式。通过听觉心理学实验，我们可以建立人类对不同音色的感知模型，为音乐创作和环境声音设计提供指导。不同音色可能与不同的情感体验相关联，例如，明亮的音色可能与愉悦、活力相联系，而柔和的音色可能与温暖、安宁相关。对音色和音质的深入研究可以使我们更好地理解声音的情感表达机制，有助于创造更具有吸引力和情感共鸣的音乐和声音设计。

（三）触觉感知模式

1. 压力对触觉感知的影响

触觉感知是人体感知系统中的一个关键组成部分，涉及皮肤、神经系统和大脑的复杂互动。生理学实验可以通过应用不同程度的压力刺激，如轻触和强压，来观察人体对触觉刺激的感知反应。这种实验设计可以深入了解触觉系统对于压力变化的适应性和敏感性。例如，人们可能对于不同部位的皮肤在接受压力刺激时表现出不同的感知模式，可能对于指尖的触觉更为敏感等。

触觉在感知轻重和硬软等方面发挥着重要的作用。通过实验，可以研究在不同压力条件下人们对于物体质地的感知。触觉系统对于物体硬度、表面粗糙度等特征的感知能力，对于日常生活中的操作和环境感知至关重要。例如，在选购食物或操作工具时，触觉系统的感知模式对于决策和行为有着显著的影响。实验研究可以揭示触觉在这些方面的精细感知过程，为理解人体触觉系统的工作机制提供实证数据。

最后，触觉刺激对人体的生理和心理效应也是触觉感知研究的关键点之一。生理学实验可以通过测量生理指标如心率、皮肤电阻等，来评估触觉刺激对身体生理状态的影响。心理学实验则可以研究触觉刺激对情绪、认知和行为的影响。触觉的生理和心理效应研究有助于深入理解触觉系统在整体身心健康中的作用，为临床应用和心理治疗提供理论支持。

2. 温度对触觉感知的影响

温度在触觉感知中扮演着关键的角色，其对人体的感知模式不仅涉及生理方面，还直接影响情绪和舒适感。通过详细的生理学实验，我们可以深入研究人类对不同温度刺激的触觉感知模式，同时探讨温度对情绪和舒适感的影响，为环境温度设计提供科学依据。

触觉感知中的温度感知是一种复杂的生理过程，牵涉到皮肤、神经系统和中枢神经系统的相互协调。通过生理学实验，我们可以测量人体对于冷热刺激的生理反应，如皮肤温度、血流速度等，以揭示人类对不同温度刺激的触觉感知模式。实验研究可以深入了解在不同温度条件下，人们对于触觉刺激的感知阈限、敏感性和适应性。例如，人体可能对于温度较高和较低的刺激表现出不同的生理反应，体现在皮肤的血流速度、汗腺分泌等方面。

最后，温度刺激对情绪和舒适感的影响也是触觉感知研究的一个重要方向。通过实验设计，我们可以探讨冷热刺激对人的情绪状态的调节作用，以及温度对于舒适感的感知机制。例如，寒冷的环境可能引起人体的紧张和不适，而温暖的环境可能促进放松和愉悦的情绪。深入研究温度对情绪的调节机制，有助于理解环境温度对人体心理健康的影响，为提高工作、生活环境的舒适性提供科学依据。

3. 触觉感知的神经基础

触觉感知的神经基础是一个复杂而精密的系统，涉及神经系统中多个层次和结构的协同工作。通过系统性的神经解剖学和生理学实验，我们可以深入研究触觉信息在神经系统中的加工和传递机制，揭示触觉感知的神经基础。

神经解剖学实验有助于揭示不同触觉通道在神经系统中的表征方式。触觉信息通过神经纤维传递到中枢神经系统，主要涉及体感神经元、脊髓、脑干和大脑皮层等结构。通过神经解剖学的实验，我们能够详细研究这些结构的组织和连接方式。例如，体感神经元在皮肤和其他感觉器官中的分布情况，以及它们如何通过脊髓传递触觉信息到大脑。

生理学实验则有助于揭示不同触觉通道在大脑中的信息加工路径。在大脑中，触觉信息经过多个脑区的处理和整合，其中包括脑干的触觉核，以及大脑皮层的体感皮层。通过生理学实验，如神经电生理学和脑成像技术，我们能够记录神经元的活动和脑区的激活情况。这样的实验能够揭示触觉信息在大脑中是如何被表征和解码的，以及不同触觉通道在大脑中的空间分布和信息传递途径。

深入研究触觉感知的神经基础有助于我们理解触觉信息是如何在神经系统中被处理和解释的。例如，触觉信息在脊髓的背根神经节被转换成神经脉冲，然后通过脊髓传递到大脑。在这个过程中，不同触觉通道可能通过不同的神经途径到达大脑，而在大脑中的不同区域可能负责处理特定类型的触觉信息。这些神经基础的研究为理解感知系统的功能和疾病奠定了基础，同时也为开发新的治疗方法和技术提供了指导。

第二节 情感设计与用户体验

一、情感设计对用户体验的影响

（一）情感设计在环境艺术中的角色

情感设计在环境艺术中扮演着关键的角色，通过多方面的设计元素，包括艺术品的布局、色彩搭配和形式设计等，引发用户的情感反应。在这一层面，情感设计需要深入剖析其在环境艺术中的作用，涉及情感心理学的多个领域，包括情感激发、情感识别和情感表达等。

1. 艺术品的布局

情感设计通过艺术品的布局成为塑造用户视觉感知和情感体验的重要手段。在研究中，重点关注不同布局方式对用户情感的激发效果，从而深入了解如何通过空间中的艺术品布局来营造特定情感氛围。

艺术品的布局在情感设计中扮演着关键的角色，其目的是通过对空间元素的精心安排，引导用户在环境中产生特定的情感体验。不同的布局方式可以呈现出截然不同的视觉效果和情感氛围，从而影响观众的情感反应和体验。

首先，布局方式的选择直接关系到用户对艺术品的注意力集中。通过采用对称或不对称的布局方式，设计者可以引导用户的视线，使其集中在特定的艺术品或空间元素上。对称布局通常会营造出稳定、平衡的感觉，而不对称布局可能带来更多的活力和张力。这种巧妙的布局设计能够在观众中引发不同的情感共鸣。

其次，布局方式还影响用户在空间中的流动感。通过精心设计的布局，设计者可以引导用户在展览空间中形成自然而流畅的移动路径，从而在观赏过程中逐步揭示出不同的情感层次。艺术品之间的距离、顺序和排列方式都将对用户的情感体验产生重要影响。

最后，布局方式还与情感体验的主题相关。通过选择特定的布局元素，设计者能够传达出特定情感主题，如温馨、宁静、激动等。对于不同类型的展览或空间，设计者可以通过调整布局方式来确定整体的情感氛围，创造出符合展览主题或空间用途的情感体验。

2. 色彩搭配

色彩在情感设计中扮演着至关重要的角色，其独特的语言和表达方式能够深刻地影响用户的情感体验。通过对色彩心理学的深入研究，我们能够更好地理解不同色彩对用户情感的诱发机制，以及如何合理运用色彩搭配来打造更具情感共鸣的环境艺术作品。

首先，不同色彩对情感的诱发机制是复杂而多样的。例如，暖色调如红色和橙色往往能够唤起观众的热情和活力；冷色调如蓝色和绿色更容易营造出宁静和冷静的氛围；中性色调如灰色和棕色则通常被用来传达稳重和内敛的感觉。深入了解每种色彩的心理效应，可以帮助设计者有针对性地选择色彩，以实现对特定情感的精准引导。

其次，色彩搭配是情感设计中的关键环节。不同色彩之间的组合产生了丰富多彩的调性和层次，影响观众在环境中的感知和情感体验。经过精心的色彩搭配，设计者可以创造出既和谐统一又具有层次感的视觉效果。对比色、类似色、单色调等搭配方式都在实现特定情感共鸣方面发挥着独特的作用。

在色彩搭配的过程中，还需要考虑空间的特性以及观众的文化背景和审美习惯。不同的环境和文化对色彩的理解和接受程度存在差异，因此设计者需要在色彩选择上更细致入微地考虑，以确保所呈现的情感效果更符合观众的心理预期。

3. 形式设计

形式设计在情感设计中扮演着重要的角色，通过艺术品的外观和结构来深刻影响用户对作品的感知和理解。这方面的研究旨在深入了解不同形式设计对用户情感识别的影响，以及如何通过形式元素在艺术品中表达情感，从而进一步拓展情感设计的表现手段。

首先，不同形式设计对用户情感识别产生显著的影响。艺术品的形式元素，如线条、形状、纹理、比例等，在构建整体形式时能够传达出特定的情感。通过深入研究这些形式元素的心理学效应，设计者可以有针对性地运用它们，使艺术品在观众心中唤起特定的情感体验。

其次，形式元素在艺术品中的表达是情感设计中的关键环节。通过调整形式元素的排列、结合和比例，设计者可以创造出各种独特的形式设计，以达到特定的情感效果。例如，柔和的曲线和流畅的形状可能会传达出宁静和温暖，而锐利的角线和对比强烈的形状可能引发观众的紧张和兴奋。

在情感设计中，形式设计的表达还需要考虑观众的文化背景和审美认知。不同文化对于形式元素的解读和情感联想存在差异，因此设计者需要在形式设计上更细致入微地考虑，以确保所传达的情感在不同观众中都能够得到有效传递。

（二）情感设计与品牌形象的关系

情感设计与品牌形象之间存在密切的关联。通过情感设计，品牌可以塑造和传达特定的情感调性，从而建立品牌与用户之间深厚的情感连接。

1. 品牌标识的情感设计

品牌标识的情感设计是品牌传播中至关重要的一环。通过标志性的图形、字体和色彩等元素，能够巧妙地诱发用户对品牌的情感反应。这方面的研究旨在深入分析情感设计在品牌标识中的应用，以及不同情感设计元素对品牌认知和情感连接的影响。

首先，标志性的图形在品牌标识中扮演着关键角色。通过对形状、线条和图案的精心设计，品牌标识能够传达出特定的情感调性。例如，流畅的曲线可能呈现出品牌的柔和亲切感，锐利的角线则可能赋予品牌一种刚毅和现代感。研究不同图形元素在品牌标识中的心理学效应，有助于设计者更有针对性地选择合适的图形以达到情感设计的目的。

其次，字体的选择也是品牌标识中影响情感的重要因素。不同字体风格传递出不同的情感信息，如圆润的字体可能诱发轻松和友好的感觉，而坚实的字体可能传递出品牌的稳健和可靠感。深入研究字体在品牌标识中的心理学作用，能够帮助设计者在字体选择上更具洞察力。

最后，色彩作为情感设计的核心元素，在品牌标识中发挥着至关重要的作用。每种颜色都能够引发特定的情感体验，例如红色可能唤起激情和活力，蓝色可能传达冷静和信任等。通过研究不同色彩在品牌标识中的应用，可以更好地理解色彩对品牌认知和用户情感连接的影响。

2. 广告中的情感设计

广告中的情感设计是塑造品牌形象和引导用户情感体验的关键手段。通过深入研究广告中情感设计的多种手法，如故事叙述和音乐选择等，可以揭示这些设计对用户，对品牌的情感态度和品牌形象的塑造所产生的深刻影响。

首先，故事叙述在广告中是一种常见的情感设计手法。通过巧妙编织故事情节，广告能够触动用户的情感，使其更容易产生共鸣和情感连接。深入研究不同故事叙述风格对用户情感体验的影响，有助于揭示广告中情感设计的心理学机制。

其次，音乐选择是广告情感设计中的重要元素。音乐具有独特的情感表达能力，通过选择合适的音乐，广告能够调动用户的情感，产生深远的影响。详细研究不同音乐风格对广告中情感体验的塑造效果，有助于了解音乐在广告传播中的心理学效应。

最后，广告中的情感设计还涉及视觉元素、色彩运用等方面。通过研究广告中视觉设计的原理和色彩心理学，可以揭示这些设计对用户心理和情感状态的操控机制。

3. 产品设计中的情感设计

产品设计中的情感设计是直接塑造用户对产品的情感体验的关键因素。通过深入研究不同产品设计元素如何运用情感设计来增强品牌形象，以及用户对产品的情感认知如何影响其对品牌的忠诚度，可以揭示情感设计在产品领域中的重要性。

首先，产品设计元素包括外观、材质、功能等方面，这些元素直接影响用户对产品的感知。通过研究如何运用设计元素来传达品牌的情感调性，可以更好地理解情感设计在产品外观和体验中的作用。例如，产品的曲线设计、颜色选择和触感特性等都可以通过情感设计来精心打造，以激发用户的情感共鸣。

其次，情感设计在产品的用户体验中具有关键地位。研究如何通过用户界面的设计、交互流程的优化等手段，创造出更愉悦、更易用的用户体验。深入了解用户对产品的情感认知，包括对产品的喜好、满意度和情感连接，有助于优化产品设计，以提高用户体验的情感质量。

最后，情感设计还与用户对品牌的忠诚度密切相关。通过深入分析用户对产品的情感认知如何转化为对品牌的忠诚度，可以揭示情感设计在建立品牌忠诚度方面的影响机制。情感设计的巧妙运用可以激发用户的品牌信任感、情感投入，从而提升用户对品牌的忠诚度。

（三）情感设计对用户体验的长期影响

情感设计对用户体验的长期影响是一个值得深入研究的方向。通过跟踪用户的情感体验和行为反馈，我们可以更好地了解情感设计在用户心理和行为习惯形成过程中的作用。

1. 用户情感体验的长期追踪

长期追踪用户的情感体验是为了深入了解情感设计元素对用户长期态度的影响，特别是在用户与情感设计作品互动后，其对品牌或环境的长期情感印象和忠诚度的变化。这一研究领域涉及用户感知、认知和情感等层面，对于揭示情感设计的持久影响具有重要的学术和实践价值。

首先，长期追踪用户的情感体验需要建立系统的研究框架。这包括明确研究的时间跨度、追踪的指标和方法。通过设置合适的时间节点，可以观察用户在与情感设计作品互动后的情感变化。追踪的指标可以包括情感表达、行为反馈、品牌认知等方面，以全面了解用户的长期情感体验。

其次，研究应该注重情感设计元素的综合影响。情感设计元素涵盖艺术品的布局、色彩搭配、形式设计等方面，因此需要考虑这些元素的综合效应。通过追踪用户在长期互动中对这些元素的感知和认知，可以揭示它们在用户心中的持久印象，进而对品牌或环境的情感体验产生影响。

再次，研究还应该关注用户的忠诚度变化。情感设计的目标之一是建立用户与品牌或环境之间的情感连接，而这种连接通常会体现在用户的忠诚度上。通过长期追踪用户的忠诚度变化，可以了解情感设计对用户品牌忠诚度的持续影响，为品牌建设和市场营销提供有力支持。

最后，长期追踪研究的结果可以为实际设计和品牌管理提供指导。通过深入理解情感设计元素的长期效应，设计者和品牌管理者可以更有针对性地调整设计策略，以创造更具吸引力和持久性的情感体验。这对品牌的长期发展和用户关系的维护都具有积极的作用。

2.用户行为习惯的形成

深入研究情感设计如何影响用户的行为习惯是用户体验领域的一项重要研究。通过对用户行为数据的深度分析，我们能够更好地理解情感设计在用户体验中的长期影响，并揭示情感设计如何塑造用户的行为习惯、选择和态度，以及这些影响如何随时间演变。

首先，情感设计对用户行为习惯的影响可以通过观察用户的互动和反馈来实现。情感设计元素如艺术品的布局、色彩搭配、形式设计等，具有激发情感体验的潜力。通过分析用户在与这些设计元素互动时的行为，我们可以发现用户的喜好和反应，从而识别出情感设计对用户行为习惯的初步塑造。

其次，通过长期追踪用户行为数据，可以揭示情感设计的长期影响。这包括用户在时间维度上的反馈变化、频率以及对设计元素的持续关注程度。随着时间的推移，用户对情感设计的认知和情感体验可能会发生演变，进而影响其行为习惯的形成。这种长期观察的结果对于理解情感设计在用户体验中的持久性影响至关重要。

再次，研究还可以关注情感设计对用户选择和态度的塑造。通过分析用户在特定情感设计下的决策行为和态度表达，我们能够更深入地了解情感设计如何引导用户的选择，以及用户在面对不同情感设计时所表现出的态度和情感反应。这有助于揭示情感设计对用户决策过程和态度形成的长期影响。

最后，考察情感设计的演变过程也是研究的一个重点。随着用户的体验和互动，情感设计元素可能会进行调整和优化。通过追踪这些设计元素的变化，我们可以了解设计的演进如何与用户行为习惯的形成相互关联，从而为未来的设计提供经验教训和指导。

3.认知和记忆的影响

深入研究用户对情感设计的认知和记忆是理解情感设计长期影响的关键方面。情感设计在用户心中留下深刻印象，其认知和记忆的形成受到多种因素的影响，这些因素直接关联着用户对品牌或环境的长期认知和情感体验。

首先，情感设计通过艺术品的布局、色彩搭配、形式设计等元素，引发用户的情感体验。这些设计元素在用户的感知过程中激活感官和情感中枢，产生深刻的印象。通过分析用户对不同情感设计元素的认知，我们能够了解用户在面对特定设计时所体验到的情感和观感，从而揭示情感设计如何引发用户的感知和情感反应。

其次，关注用户对情感设计的记忆持久性。情感设计的长期影响体现在用户对设计元素的记忆中。通过研究用户在一段时间内对情感设计的记忆表现，我们可以了解设计在用户心中的保持程度，以及用户对设计的记忆是如何随时间而演变的。这种记忆的持久性对于理解情感设计的长期影响至关重要，因为它直接关联着用户对品牌或环境的长期认知。

最后，情感设计元素的情感共鸣和用户情感体验的一致性也对认知和记忆产生深远影响。当用户在与情感设计作品互动时，其情感体验往往与设计元素所传达的情感一致。这种一致性有助于加强用户对设计的认知，并使其更容易记住和回忆起相关的情感体验。因此，研究情感设计元素如何与用户情感体验形成一致性，对于揭示认知和记忆的形成机制具有重要意义。

二、用户体验的设计原则与评估方法

（一）用户体验的设计原则

1. 可用性

可用性作为用户体验设计的核心原则，是确保产品或系统易于学习、易于使用、高效和令人满意的关键方面。在可用性的实现过程中，以下三个方面尤为重要：

首先，界面的简洁易用是可用性的基础。深入研究如何设计简洁直观的用户界面，旨在降低用户学习成本，使用户能够迅速理解和熟练使用产品或系统。简洁易用的界面设计不仅提高了用户的操作效率，还增强了用户对产品的整体满意度。通过合理的布局、清晰的图标和直观的导航，设计者可以创造出符合用户期望、易于掌握的界面，从而提升整体的可用性。

其次，用户反馈与引导是确保用户在使用过程中能够得到及时帮助和指导的重要手段。探讨在设计中如何设置有效的用户反馈机制，以及如何巧妙引导用户正确使用系统或产品。用户反馈可以通过信息提示、动画效果等形式进行，帮助用户了解其操作的结果和可能的下一步行动。同时，巧妙的引导设计可以在用户初次接触时提供友好的指导，降低用户的迷失感，使其更流畅地完成操作。通过合理设置用户反馈和引导，设计者可以增加用户的操作信心，提高整体的可用性水平。

最后，一致性在设计元素和交互方面的保持对于用户体验的积极影响不可忽视。分析一致性对用户体验的作用，可以避免用户在不同界面或交互场景中的混淆和困惑。通过统一的设计风格、交互模式和标识符，用户更容易建立起对系统的认知，并能够更加流畅地切换和操作。一致性的设计不仅提高了用户的操作效率，还提升了用户对产品的信任感和满意度，从而全面提升产品或系统的可用性。

2. 可访问性

可访问性是确保产品能够被尽可能多的人使用的核心原则，它关注如何考虑和满足不同用户群体的多样性需求，提高产品的普适性和可接受性。在实现可访问性的过程中，以下三个方面是至关重要的：

首先，设计者需要详细解析多样性用户的需求。考虑不同年龄、能力、文化程度和语言背景的用户，了解其独特的需求和使用习惯。在设计中充分考虑到这些差异性，例如提供可调整的字体大小和颜色选择，以适应不同年龄层的用户；优化界面布局和导航方式，以方便不同能力水平的用户；考虑多语言支持，确保产品在全球范围内具有可用性。通过深入了解多样性用户的需求，设计者可以更好地满足用户的实际使用需求，提高产品的可访问性水平。

其次，如何整合辅助技术，以提供更广泛的用户体验。辅助技术如屏幕阅读器、语音识别等，对于一些特殊用户群体至关重要，如视觉障碍者、听觉障碍者等。在设计中要充分考虑这些辅助技术的整合，确保产品能够无障碍地被这些技术所支持。通过合理设计界面结构和元素标记，使得屏幕阅读器能够准确地解读和传达信息；通过语音识别技术，使得用户可以通过语音命令进行操作。整合这些辅助技术，可以让更多的用户获得更为便利的产品体验，从而提高产品的可访问性。

最后，可访问性测试方法包括评估工具的使用和用户反馈的收集。可访问性测试是确保产品满足多样性用户需求的重要手段。通过使用专业的评估工具，设计者可以检测和分析产品在可访问性方面存在的问题，并及时进行改进。同时，与真实用户的合作和反馈也是不可或缺的。通过用户反馈，设计者可以了解用户在实际使用中的体验和遇到的问题，从而更有针对性地提升产品的可访问性。可访问性测试方法的有效应用可以在产品设计的早期阶段就发现潜在问题，从而降低后期修复的成本，提高产品的整体质量。

3. 可理解性

可理解性在用户体验设计中具有重要性，它关注用户在使用产品或系统时能够轻松理解其功能和操作，从而提高用户的使用便利性和满意度。

首先，易理解的信息架构是实现可理解性的关键。设计清晰的信息架构使用户能够轻松理解产品或系统的组织结构，从而更容易地找到需要的信息。通过分析用户的需求和行为，设计者可以合理组织和分类信息，确保用户在导航和浏览过程中能够迅速理解系统的整体结构。适当的标签和分类可以帮助用户快速定位所需功能，提高整体可理解性。

其次，易读性和可懂性是提高可理解性的重要手段。通过合适的排版、文字和图标设计，可以提高信息的易读性和可懂性。简洁明了的语言表达、清晰的图标和符号有助于用户更好地理解界面上的信息。设计者需要考虑到不同用户的文化和语言背景，选择通用性强的表达方式，以确保用户对信息的理解是准确而一致的。

最后，使用说明和帮助文档是提供额外支持的关键因素。在设计中，有效地使用说明和帮助文档可以为用户提供操作指导和问题解决方案。这包括在界面上提供简短而明确的提示，以及在需要时链接到详细的帮助文档。设计者需要确保这些文档易于访问，内容清晰明了，能够帮助用户理解产品的各个方面，并解决潜在的疑虑和困扰。

（二）用户体验的评估方法

1. 用户调查

用户调查是用户体验设计中获取关键信息的重要手段，通过深入研究用户的需求、期望和满意度，设计者能够更好地满足用户的期望，提升产品或系统的质量。

首先，问卷设计是常用的用户调查工具之一。设计者需要详细介绍如何设计合理的问卷，以确保能够从用户的回答中获取有价值的信息。合理的问卷设计包括明确定义调查目的、设计清晰而有针对性的问题、采用适当的问卷结构和语言表达方式。通过合理的选项设置和排列，可以有效减少用户的回答困扰，确保用户提供的信息具有高质量和参与度。

其次，用户访谈是更为深入了解用户想法和体验的方法。探讨用户访谈的方法和技巧，可以更全面地了解用户的需求和反馈。设计者在进行用户访谈时需要灵活运用开放性和封闭性问题，以引导用户深入表达意见和感受。通过有效的沟通技巧，设计者可以建立更好的用户关系，促使用户更加真实地分享使用经验和期望。

最后，数据分析是用户调查的关键环节。分析如何有效地收集、整理和分析用户调查数据，是得出有意义结论的重要步骤。设计者需要选择适当的数据分析方法，包括定量分析和定性分析，以更全面地理解用户的行为和需求。通过将数据转化为可视化的图表和报告，设计者可以清晰地传递调查结果，为团队提供决策支持。

2. 用户测试

用户测试是评估产品或系统实际使用体验的关键方法，通过深入研究用户测试的步骤和注意事项，设计者可以更全面地了解用户在实际使用过程中的反馈，以进一步优化设计。

首先，测试场景设计是确保用户测试结果可靠性的关键步骤。深入研究如何设计真实且具有代表性的测试场景，以使用户在测试中能够展现真实的使用行为和反馈。测试场景的选择应综合考虑产品或系统的主要功能和用户使用习惯，确保测试结果具有实际参考价值。合理设计的测试场景能够模拟用户日常使用情境，从而更好地发现潜在的设计问题和改进空间。

其次，数据收集与分析是用户测试的关键环节。设计者需要探讨如何收集用户测试的数据，并通过分析结果识别问题和优化设计。有效的数据收集包括用户行为数据、用户反馈和情感反应多个维度。通过采用定量和定性相结合的方法，可以更全面地理解用户的使用体验。在数据分析过程中，设计者需要注意识别用户行为中的关键模式和用户意见的共性，为后续设计改进提供指导。

最后，用户测试工具的应用是提高测试效果的重要手段。分析不同用户测试工具的应用，包括眼动追踪、热图分析等，可以帮助设计者更直观地了解用户在测试过程中的关注点和行为路径。眼动追踪技术能够揭示用户在界面上关注的热点区域，而热图分析可以展示用户在界面上的点击和滚动热度。这些工具的应用有助于提高测试的精度和可视化程度，为设计者提供更有力的数据支持。

3. 可用性测试

可用性测试是评估产品或系统易用性的重要方法，其目标是检验用户体验的质量。通过深入研究可用性测试的具体方法，设计者可以更全面地了解用户在使用过程中的效率、满意度以及反馈的处理方法，以进一步提升产品或系统的设计质量。

首先，任务完成度评估是可用性测试中的重要指标。设计者需要深入研究如何通过任务完成度评估用户对产品或系统的使用效率。任务完成度评估可以通过设计具体的用户任务，观察用户在完成任务过程中的行为和时间，从而客观地评估产品或系统在实际使用中的易用性。通过分析用户在完成任务时遇到的问题和难点，设计者能够更有针对性地改进设计，提高用户的使用效率。

其次，用户满意度评价是了解用户在体验中的主观感受的关键手段。深入探讨用户满意度评价的设计和实施方法，包括采用问卷调查、面对面访谈等方式，收集用户的主观反馈。通过综合分析用户的满意度评分和意见、建议，设计者可以更好地了解用户对产品或系统的整体感受，识别可能存在的问题，为后续的设计改进提供方向。

最后，用户反馈的处理是可用性测试中的关键环节。分析用户反馈的处理方法，包括问题的解决和设计的优化。设计者需要建立有效的用户反馈收集和处理机制，及时响应用户的问题和建议。通过对用户反馈的细致分析，设计者可以深入了解用户的需求和痛点，以便在设计中进行有针对性的改进，不断提升产品或系统的用户体验。

第三节　艺术元素在环境中的表达与影响

一、艺术元素在设计中的角色

（一）线条的起源与发展

1. 线条的起源

线条作为艺术元素的起源可以追溯至人类早期的绘画和刻画实践。在人类文化的演进过程中，最初的线条可能是简单而直观地描绘，用以表现物体的基本轮廓。这种线条的产生很可能源于早期人类试图在墙壁上、岩石上或其他媒介上表达他们对周围环境的认知和经验的需求。

随着人类文明的不断发展，线条逐渐演变为更为复杂和抽象的形式。古代文化中的壁画和岩石雕刻展现了线条在表现主题、人物和场景时的渐进变化。这些艺术形式中的线条既可能是用以描绘具体事物的实际轮廓，也可能是以一种更为象征性和抽象的方式出现，以传达情感或表达思想。

在艺术创作中，线条的起源与人类对自然和生活的观察息息相关。早期艺术家通过简单的线条勾勒出狩猎场景、家族生活等日常场景，从而将这些视觉元素固定在媒介上。这种线条的表现形式虽然相对基础，但正是它奠定了线条作为艺术表达手段的基础。

线条的发展与艺术技术的提升密切相关。随着绘画技法的进步，艺术家们开始更加自由地运用线条，创造出更为复杂和精致的线条表现形式。例如，在文艺复兴时期，艺术家们对透视的深入研究使得线条成为表现空间和深度的有力工具。此时，线条不仅用于勾勒物体的外部轮廓，还被用来呈现光影和细节。

线条的演变还与不同文化之间的交流和影响密切相关。艺术家们从不同的文化传统中汲取灵感，将不同形式的线条表现融入自己的创作中。例如，东方艺术中的线条可能更加强调自然的流畅和抽象的表达，而西方艺术中的线条可能更注重结构和形式的准确性。

2.线条的发展与演变

线条作为艺术元素在历史长河中经历了丰富多彩的发展与演变，不同的艺术时期和文化对线条赋予了独特的表达和象征含义。古代的线条以描绘物体的轮廓为主，是早期艺术家对周围世界的观察和表达的产物。这些线条描绘不仅是对外部形态的简单呈现，还反映了当时社会、文化和宗教背景下的审美观念。

随着文明的不断发展，线条逐渐演变为更复杂和抽象的形式。在古代文化中，如古希腊和古罗马时期，线条的运用在建筑和雕刻中起到了突出的作用。建筑中的线条不仅用于勾勒建筑的轮廓，还通过柱廊和凹凸不平的表面创造出视觉上的动态效果。雕刻中的线条则更加注重表现人物的动态和神态，通过线条的流畅和曲线展现出生动的形象。

在文艺复兴时期，线条成为艺术家们表达空间和深度的重要手段。透视的引入使得线条在绘画中的作用更为丰富。艺术家们通过精准的线条勾勒出远近景物，创造出更真实、立体的效果。这一时期的艺术作品中线条的运用不再局限于简单的轮廓描绘，而是成为表达光影、形体和细节的重要方式。

随着现代主义的兴起，线条艺术进入了更为抽象和自由的阶段。艺术家们开始摒弃传统的形式限制，将线条从具象的描绘中解放出来，追求更为抽象、简化的表现方式。抽象表现主义中的线条常常充满力度和冲突，代表着情感的爆发和内心的冲突。而在构成主义中，线条被看作构成艺术作品的基本构件，通过线条的排列和组合来创造出新的形式和结构。

同时，不同文化对线条的理解和运用也呈现出多样性。在东方艺术中，线条常常强调自然的流畅和抽象的表达。在中国的山水画中，线条的运用常常具有诗意的意境，通过细腻的线条勾勒出山川河流，表现出大自然的宏伟与宁静；而在日本的书法艺术中，线条的笔触和排列则更注重意境和节奏感。

3. 线条在设计中的功能与表达方式

线条在环境设计中扮演着多重功能的角色，包括直线、曲线、斜线等不同形式，具有丰富的设计效果。通过深入解构线条的基本属性，包括线形、线宽和线长等，设计师能够精确地影响观者对环境的感知和情感体验。

首先，不同形式的线条在环境设计中能够传达独特的情感和氛围。直线可能呈现出稳定、简洁的感觉，适用于创造整齐有序的空间。曲线可能赋予环境柔和、流动的特性，用以打破刚性结构，创造出温暖宜人的氛围。斜线则可能带来动感和活力，适用于强调动态元素的设计。通过运用这些线条的不同形式，设计师能够精准地调控观者在环境中的情感体验。

其次，线宽在环境设计中也起到至关重要的作用。较宽的线条可能强调设计元素的轮廓，使其更为显眼，有助于引导观者的视线；相反，较细的线条可能产生更为轻盈、细致的效果，适用于营造精致、繁复的设计。线宽的选择可以影响观者对设计元素的关注程度，通过巧妙运用线宽，设计师能够实现对视觉焦点的精准引导。

最后，线条的长度也是环境设计中需要仔细考虑的要素。长线条可能在空间中引导视线，创造出开阔的感觉，适用于强调空间的延伸。短线条则可能用来定义局部细节，加强局部元素的存在感。通过合理运用不同长度的线条，设计师可以调整环境的整体比例和平衡感，达到设计的意图。

（二）色彩的多样性与运用

1. 色彩的起源

色彩作为艺术元素的起源，可以追溯至古代人类对自然界颜色的观察和感知时期。最初的色彩应用可以被认为简单的天然颜料，这些颜料很可能来源于大自然中的各种物质，如土壤、植物和矿石等。早期人类通过观察周围环境中的生物、天空、地表和水域等，开始意识到丰富多彩的色彩存在于自然界中，并试图将这些色彩应用于艺术表达。

随着文明的进步，色彩的应用逐渐丰富起来。在古代文化中，人们开始研究和提炼天然颜料，创造出更为持久和饱满的色彩。例如，古埃及文明中的壁画和绘画作品展示了对金、蓝、红等鲜艳色彩的运用，这些颜料大多来自自然中的矿物和植物。在古希腊和古罗马文化中，对于颜料的使用也呈现出多样性，艺术家们通过混合和调和不同的颜料，创造出更为细腻和复杂的色彩效果。

随着艺术技术的不断发展，人类开始尝试新的色彩应用方式。在中世纪，艺术家们通过研究光与色的关系，探索色彩在绘画中的表达。文艺复兴时期，对透视的深入研究使得艺术家们更准确地理解了颜色的变化和影响，这对色彩在绘画中的应用产生了深远的影响。

18世纪，工业革命的兴起带来了新型的合成颜料的制备方法，使艺术家们可以获得更广泛、稳定的色彩选择。在这一时期的绘画作品中，更多地出现了饱和度高、明亮的色彩，反映了对于色彩的新探索和运用。

随着现代主义的兴起，艺术家们开始挑战传统的色彩观念，推崇更为抽象和非自然的色彩表达。抽象表现主义和立体主义等艺术流派打破了传统色彩的局限，将色彩应用于情感、形式和结构的表达上，拓展了色彩的艺术功能。

2.色彩的多样性与演变

色彩在不同文化和时代展现出丰富的多样性与演变。每个文化都对色彩有着独特的理解和运用方式，而这些观念又在历史长河中不断演变。随着科技的不断发展，新的色彩表达方式不断涌现，为设计领域带来了更为广泛的可能性。深入研究色彩的多样性不仅有助于理解不同文化对色彩的认知，还为设计师提供了更丰富、创新的色彩元素运用的灵感。

在不同文化中，色彩的象征意义和运用方式呈现出显著的差异。东方文化中，如中国和日本，色彩常常与传统文化、宗教信仰以及自然元素紧密相连。红色在中国传统文化中代表着繁荣和好运；而在日本，樱花粉色常常与季节性的美感相联系。相比较之下，西方文化对色彩的理解可能更加注重对情感和心理状态的表达。冷色调如蓝色可能与冷静、冷淡相关，而暖色调如红色可能引起更强烈的情感共鸣。

时代变迁也带来了色彩观念的演变。在不同历史时期，人们对于色彩的审美取向和运用方式经历了显著变化。文艺复兴时期，对透视的深入研究使得艺术家们对光影和色彩的理解更为精准，色彩的运用更加复杂多样。而在现代主义的影响下，对于色彩的抽象和非自然表达成为一种趋势，艺术家们开始挑战传统的色彩观念，追求更为独特和富有创意的表达方式。

科技的发展为色彩的表达方式带来了翻天覆地的变化。数字技术的崛起使得设计师能够利用更广泛的色彩空间，创造出更为生动和精细的色彩效果。计算机图形学的应用使虚拟现实中的色彩表达变得更为丰富多彩，扩展了设计领域的创意边界。同时，印刷技术和染料工业的进步也为色彩的制备和应用提供了更加广泛的选择。

3. 色彩在设计中的角色

色彩在环境设计中扮演着至关重要的角色，其不仅仅是一种视觉感知，更是对情感、心理和生理的直接影响。通过深入分析不同颜色对人的情感产生的影响，设计师可以有针对性地运用色彩来激发观者的情感体验。同时，考察色彩在不同文化中的变化与解读，有助于创造更具包容性和多元文化的设计。

首先，色彩在设计中对人的情感产生直接而深刻的影响。每种颜色都传递着特定的情感和情绪，例如红色常与激情、活力相关，蓝色则常被认为冷静、平和的象征。这种颜色与情感的关联不仅是文化的产物，还与人类生理和心理的特点有关。设计师可以运用这种情感与色彩的关系，通过选择特定的颜色来调整和引导观者的情感体验，使设计作品更具有情感共鸣力。

其次，色彩在设计中对人的心理和生理状态产生重要影响。科学研究表明，不同颜色的光线可以影响人的生物钟、体温和脑电波等生理指标。温暖色调如红色和橙色可以激发人的兴奋和活力，适用于创造充满活力的环境；而冷色调如蓝色和绿色具有冷静和放松的效果，适用于打造宁静的空间。设计师通过对色彩的巧妙运用，可以在心理和生理层面上影响观者，创造出更符合设计目的的环境。

最后，考察色彩在不同文化中的变化与解读对于设计师来说至关重要。不同文化对于色彩的理解和赋予的意义存在显著差异。例如，红色在中国文化中代表着繁荣和好运，而在西方文化中可能与激情和爱情联系得更为紧密。了解这些文化差异，设计师可以更好地避免色彩选择上的误解，创作出更具包容性和多元文化的设计作品。这也为设计师提供了一个借助色彩进行跨文化传达的机会，使设计更具深度和广泛的观众吸引力。

（三）形状的设计原理与应用

1. 形状的起源与演变

形状作为艺术元素的起源，可以追溯至古代建筑和工艺品的几何图案。最初的形状运用主要体现在古代文化的建筑设计和装饰艺术中，通过几何图案和简单的线条勾勒出建筑结构和器物的形状。这些几何形状不仅在艺术品中呈现出对称和协调的美感，同时也反映了当时社会对几何规律的认知。

随着艺术的发展，形状的运用逐渐变得更加抽象和多样化。在古希腊和古罗马文化中，建筑师和雕刻家通过运用不同形状的柱子、拱门和雕刻装饰，创造出富有层次感和动态感的建筑风格。这些形状的运用不仅在视觉上展现了建筑的结构美，同时也传递了对于秩序和比例的追求。

在文艺复兴时期，对于古典文化的复兴使得形状的运用更加注重比例和对称。艺术家们通过对几何形状的深入研究，创造出更为精致和对称的艺术品。透视的引入使得形状在绘画中的运用更加丰富，艺术作品呈现出更为逼真和立体的效果。这一时期的形状运用不仅局限于建筑和绘画，还延伸到了家具设计、器物制作等领域。

随着现代主义的兴起，形状的运用变得更加抽象和自由。艺术家们开始摒弃传统的形式限制，将形状从具象的描绘中解放出来，追求更为抽象、简化的表现方式。这在抽象表现主义和构成主义等艺术流派中得到了充分体现。形状不再被局限于自然界的几何形态，而是成为表达情感和思想的重要手段。

最后，形状的演变也受到不同文化和地域的影响。在东方艺术中，形状的运用常常强调自然的流畅和抽象的表达。在中国的传统山水画中，山峦、水流的形状通过简洁而抽象的线条勾勒，呈现出一种诗意的意境；而在日本的传统和风艺术中，形状的简约和曲线的运用常常表现出一种典雅和静谧。

2.形状的设计原理

不同形状，如圆形、方形、三角形等，具有各自独特的设计原理，这些原理包括形状的对称性、比例和排列方式等。深入研究形状的设计原理有助于设计师更好地运用形状元素来创造独特的设计效果。

首先，形状的对称性是设计中的一个重要原则。对称性能够营造出一种平衡和稳定感，使设计更加整洁和协调。圆形通常具有最高的对称性，因为它在任何角度旋转都能保持相同的外观。方形也常常被运用到对称设计中，使整体呈现出均衡和有序的美感。而三角形可以通过不同的对称方式，如等边三角形的对称性，带来独特的动态效果。设计师可以根据设计目的和情感表达的需要选择适当的对称形状，以达到更好的设计效果。

其次，形状的比例在设计中起到关键作用。不同形状的比例关系影响着设计元素的视觉分布和层次感。黄金比例是一种常被运用的比例原理，它是一种视觉上的愉悦比例，常常出现在自然界和艺术品中。设计师可以通过合理运用黄金比例，调整形状的尺寸和相对位置，使设计更加和谐而富有美感。此外，形状的比例也可以通过不同尺寸的组合来创造出动态和有趣的设计效果，使观者的视线在设计中流动，产生更多的视觉愉悦感。

最后，形状的排列方式是设计中另一个重要的原则。不同形状的排列方式决定了设计元素之间的空间关系和整体布局。线性排列、放射状排列和随机排列等方式都能带来不同的视觉效果。线性排列通常带有秩序感，适用于表达稳定和有序的主题。放射状排列则常常呈现出动态和生命力，适用于表达活力和创新。随机排列可能带来一种自由和无拘无束的感觉，适用于创造出独特和非传统的设计效果。通过灵活运用形状的排列方式，设计师可以打破传统的布局限制，创造出更富有创意和个性化的设计作品。

3. 形状在设计中的应用

形状在环境设计中扮演着至关重要的角色。通过分析各种形状的设计原理与应用，设计师可以创造出具有特定情感诱发效果的环境。考察形状在不同设计风格和文化中的运用，有助于理解形状对环境体验的多样性与影响。

首先，形状的应用对于环境的情感诱发效果至关重要。不同形状所传递的情感和意义影响着观者的感知和体验。例如，圆形常常被认为温暖、包容的象征，因为它没有尖锐的边角，给人一种柔和的感觉。在设计中，使用大量圆形的元素可能创造出一种温馨、亲切的氛围。相比之下，方形可能给人一种稳定和有序的感觉，适用于强调结构和秩序的设计。而三角形可能带来一种动感和紧张感，适用于强调创新和活力的设计。通过灵活运用不同形状，设计师可以根据设计目的调整环境的情感氛围，实现对观者情感的精准引导。

其次，形状在环境设计中的应用与不同设计风格和文化密切相关。在现代主义设计中，抽象和几何形状常常占据主导地位，强调简约和功能性。通过运用大胆的几何形状，设计师可以创造出富有现代感的环境。而在传统文化中，如东方的室内设计，常常运用自然的曲线和符号性的形状，强调与自然的融合和传统文化的表达。形状的选择和运用不仅仅是装饰性的问题，更是对设计理念和文化价值的体现。

最后，考察形状在不同文化中的运用有助于理解形状对环境体验的多样性与影响。不同文化对于形状的理解和赋予的意义存在显著差异。例如，在东方文化中，圆形可能与天圆地方的哲学观念相联系，代表着完整和和谐；而在西方文化中，方形可能与稳定和有序联系得更为紧密。通过深入了解不同文化对于形状的认知，设计师可以更好地避免文化误读，创造更具包容性和多元文化的设计。形状的多样性不仅是装饰的选择，更是对文化多元性的尊重和体现。

二、艺术元素对环境体验的影响分析

（一）激发情感的艺术元素

1. 线条的情感激发作用

线条作为环境设计中的重要艺术元素，扮演着引起观者情感共鸣的关键角色。其流动感和设计手法直接影响着观者的情感反应。深入研究线条的情感激发作用，探讨不同类型线条如直线和曲线在情感表达上的差异，以及线条的长度和粗细对情感体验的影响，可以为设计师提供更具体的指导。

线条的流动感是线条特有的属性，能够通过其形态和走势直接影响观者的情感体验。曲线线条往往被认为更具有柔和、流畅的感觉，可以传达出温暖、亲切的情感。这种线条的设计常常被运用在温馨的家居环境或舒适的休憩区域，以营造轻松、宁静的氛围；相反，直线线条则更显得刚毅、有力，通常会给人稳重、严谨的感觉，适用于表达力量和稳定感的设计场景，如商务空间或现代建筑。

不同类型的线条在情感表达上有所差异，但也受到长度和粗细的影响。线条的长度可以影响观者的视觉路径和感知速度，从而影响情感体验。长线条可能会引导观者的目光流畅地穿过空间，营造出一种宽广、开阔的感觉，适用于强调空间延伸和连续性的设计；短线条则可能使空间显得更加紧凑和集中，产生一种紧张、聚焦的情感效果。

线条的粗细也是一个重要的情感表达因素。粗线条通常给人一种强烈、有力的感觉，适用于强调力量和稳定性的设计场景；细线条则可能呈现出柔和、轻盈的感觉，适用于追求轻松、宁静氛围的设计。在设计中巧妙地运用线条的粗细变化，可以在不同区域营造出丰富多样的情感体验。

2. 色彩的情感共鸣

色彩作为环境设计中的重要艺术元素，通过其明暗变化、饱和度等特征能够产生强烈的情感效果。深入分析不同色彩在情感表达上的独特性，揭示暖色调和冷色调在环境设计中的不同应用，并研究色彩的组合与搭配，探讨如何通过巧妙运用色彩来激发观者的情感共鸣。

首先，不同色彩在情感表达上具有独特的特性。暖色调如红、橙、黄色，通常被认为具有温暖、活跃、充满活力的特性。这类色彩在设计中常常被用于强调热情、亲近的氛围，适用于社交空间、娱乐场所等，能够营造出欢快、轻松的情感氛围。相反，冷色调如蓝、绿、紫色，通常被赋予冷静、宁静、深沉的特性。

这类色彩在设计中常用于强调冷静、专注的氛围，适用于办公空间、学习区域等，能够创造出安静、沉稳的情感效果。

其次，研究色彩的组合与搭配是环境设计中的关键问题。不同色彩之间的搭配能够产生不同的情感效果。互补色搭配能够产生强烈的对比，增强视觉冲击力，常用于强调重要元素或吸引注意力的设计。类似色搭配则能够营造出和谐、统一的氛围，适用于追求平衡感和宁静感的设计。此外，色彩的明暗变化也会对情感产生影响，明亮的色彩通常使人感到轻松愉悦；而深暗的色彩可能带来神秘、沉静的感觉。

3.形状的情感触发

环境设计中的形状，无论是曲线还是角度，都具有直接触发观者情感的效果。深入研究不同形状的表达方式，分析曲线与角度对情感体验的独特贡献。

形状作为环境设计中的一个重要元素，通过其曲线和角度的表达方式，直接影响观者的情感体验。首先，曲线在情感表达上常常被认为具有柔和、流畅的特性。曲线形状的设计能够创造出一种宁静、亲切的感觉，适用于追求温暖、轻松氛围的设计场景。例如，在家居设计中，采用曲线形状的家具或装饰物件往往能够营造出舒适、温馨的居住环境。曲线形状的流动感也常被运用于公共空间的设计，以创造出轻松、愉悦的社交氛围。

相反，角度则常常被认为具有稳定、有力的特性。直角、棱角的设计能够传达出一种坚定、刚毅的感觉，适用于追求力量和稳定性的设计场景。例如，在商务空间的设计中，使用直线和角度突出空间的结构感和秩序感，营造出专业、严谨的工作氛围。角度的设计还常常出现在现代建筑中，以强调建筑的现代感和创新性。

曲线与角度在情感体验中的独特贡献体现在它们对观者情感的引导和塑造方面。曲线形状通过其柔和、流畅的线条，使观者感受到轻盈、宽容的情感，有助于营造出轻松、愉悦的氛围；而角度通过其稳定、有力的形态，传达给观者坚定、严谨的情感，有助于营造出强烈、专业的氛围。

（二）引导注意力的艺术元素

1.线条的视线引导

线条在环境设计中是引导视线的重要工具，其布局对观者的视线流动有着直接影响。深入分析线条在空间中的布局如何引导观者的视线流动，以及不同类型线条在引导注意力方面的特点，有助于为设计师提供在视觉引导上的有效策略，使设计更加吸引人。

首先，线条的方向和走势在引导视线方面起到关键作用。水平线条常常被认为能够传达出稳定、平静的感觉；而垂直线条常常被用来强调高度和垂直方向的力量；对角线线条则常常具有动感和活力，能够引导观者的目光流畅地穿越空间。通过灵活运用不同方向的线条，设计师可以创造出多样化的视觉体验，使空间更具层次感和趣味性。

其次，线条的粗细和强度也对视线引导产生重要影响。粗重、强烈的线条容易引起观者的注意，而细腻、柔和的线条更适合用来温和地引导视线。在设计中，可以通过调整线条的粗细和强度来达到平衡和协调，使得整体空间呈现出和谐的视觉效果。

通过对比实例，可以更具体地展示不同类型线条在引导注意力方面的特点。例如，一幅画作中运用了水平线条的丰富层次感，使得观者的目光可以在画面上自由流动，感受到一种宁静的氛围。而在建筑空间中，使用垂直线条的设计可能会强调空间的垂直延伸感，让人产生仰视的感觉。对角线线条在装饰艺术品或品牌标识中的运用，能够赋予设计更多的动感和活力，引起观者的好奇心。

2.色彩的注意力吸引

色彩的运用不仅可以激发情感，还可以吸引观者的注意力。深入研究色彩如何在设计中产生焦点，分析高对比度、明亮色彩与深沉色彩的差异对注意力的影响。通过对色彩与空间关系的深入思考，为设计师提供引人注目的色彩设计建议。

在环境设计中，色彩是一种强大的工具，能够直接影响观者的感知和注意力。首先，高对比度的色彩组合往往能够引起观者的强烈注意。通过将明亮的颜色与深沉的颜色搭配在一起，设计师可以创造出强烈的视觉对比，使得焦点区域更为突出。例如，在商业标识或展示设计中，采用高对比度的色彩方案能够使品牌或产品信息更加显眼，吸引观者的目光。

其次，明亮的色彩常常能够更直接地吸引注意力。鲜艳的颜色在设计中被广泛运用，因为它们能够在空间中快速产生视觉冲击，引起观者的兴趣。例如，在零售环境中，使用明亮的色彩能够吸引购物者的目光，促使其更加关注商品或特定区域。在展览设计中，明亮的色彩也常用于凸显重要展品或信息。

相反，深沉的色彩往往能够营造出沉稳、深邃的氛围，适合用来强调空间的特定区域。在博物馆或画廊设计中，采用深沉的色彩可以帮助观者更专注地欣赏艺术品。在家居设计中，深沉的色彩也常用于营造温馨、宁静的居住环境。

通过对色彩与空间关系的深入思考，设计师可以更有针对性地运用色彩元素，创造出引人注目的设计效果。例如，在展览设计中，通过合理运用高对比度的色彩和明亮的颜色，可以使展品更为突出，引导观者流线性地浏览展览空间。在商业空间中，通过选择深沉的色彩作为背景，可以使商品陈列更有层次感，吸引顾客深入了解产品。

3.形状的空间焦点

形状在环境设计中具有引导观者注意力的重要作用，能够创造出空间中的焦点。通过探讨不同形状在设计中的引导作用以及形状的大小、比例对焦点产生的影响，设计师可以更加科学地运用形状元素，实现引人注目的空间设计。实际案例的分析将为设计师提供切实可行的方法论，帮助他们在实际项目中更好地应用形状元素。

首先，不同的形状在设计中发挥着独特的引导作用。例如，圆形常常被视为柔和、和谐的形状，能够在空间中产生平衡感，引导观者的视线流畅移动。方形则具有稳定和坚固的特性，适用于创造严谨的空间焦点。而异形或不规则形状能够引起观者的兴趣，创造出独特的设计效果。通过在设计中巧妙地组合和运用这些形状，设计师可以创造出符合项目目标的空间焦点。

其次，形状的大小和比例对焦点的产生具有重要影响。较大或独特比例的形状往往更容易引起观者的关注，成为空间中的主要焦点。设计师可以通过巧妙调整形状的大小和比例，使其在整体设计中凸显出来，起到引导和集中注意力的作用。例如，在室内设计中，通过采用大型雕塑、艺术装置或特别设计的家具，设计师可以创造出引人注目的空间焦点，使整体设计更加具有层次感和趣味性。

通过实际案例的分析，设计师可以汲取丰富的经验和灵感。例如，在博物馆设计中，通过放置大型雕塑或装置艺术品，设计师成功地创造出引人注目的焦点，吸引观众深入欣赏艺术品。在商业空间设计中，通过运用独特形状和比例的展示柜或产品陈列，设计师可以有效引导顾客的视线，促使其更加关注特定商品或区域。

（三）影响认知与观感的艺术元素

1.线条对空间认知的影响

线条在环境设计中不仅在情感层面对观者发挥作用，而且在认知层面对观者也产生深远的影响。深入研究线条如何改变观者对空间深度的感知，分析不同线条布局对空间大小感的塑造，可以为设计师提供优化空间认知的线条设计原则。通过实验和实地观察的方式，设计师可以更全面地理解线条的认知影响，并在实际项目中应用这些原则，以创造更具深度和吸引力的空间体验。

线条对空间深度感知的影响是通过其方向、长度和密度等方面的变化而产生的。首先，线条的方向在很大程度上决定了观者对空间深度的感知。水平线条往往使空间显得更加宽敞；垂直线条有助于提高空间的高度感；对角线条则具有引导视线的效果，能够创造出更富有动感和层次感的空间。因此，在设计中选择适当的线条方向，可以有针对性地调整观者对空间大小的感知。

其次，线条的长度也是影响空间认知的重要因素。长而延伸的线条可以拉伸空间，使其显得更远、更开阔；短线条则有助于凸显局部细节，使空间显得更为精致。设计师可以通过巧妙运用线条的长度，调整观者对空间的整体认知，使设计更符合预期的氛围和效果。

线条的密度同样对空间认知产生影响。线条密集的区域往往使空间显得更加复杂，观者可能感受到更多的层次和细节；而线条稀疏的区域显得更加简洁和开阔。在设计中，通过合理控制线条的密度，设计师可以精准地调整观者对空间的认知，达到设计的预期效果。

通过实验和实地观察的方式，可以更具科学性地验证线条在空间认知中的影响。实验可以通过眼动追踪等技术手段记录观者对不同线条布局的视觉注意力，从而定量分析线条对空间认知的影响程度。实地观察则可以通过观察观者在真实环境中对线条布局的反应，更真实地了解线条在空间中的感知效果。

2.色彩对整体布局认知的塑造

色彩在环境设计中不仅是情感的表达工具，还对整体布局的认知产生着重要的影响。深入研究色彩如何在设计中改变观者对整体空间布局的认知，分析明亮色彩与深沉色彩在布局认知上的异同，有助于为设计师提供在色彩运用上优化整体布局认知的方法。

首先，明亮的色彩在整体布局中常常具有突出和吸引注意力的效果。明亮的色彩，如橙色、黄色等，往往能够引起观者的注意，使其在空间中成为突出的元素。这种高对比度的色彩运用可以在整体布局中创造焦点，引导观者的视线，使其更容易注意到设计中想要强调的部分。例如，一个明亮色彩的墙面或家具可以成为整个空间的视觉焦点，起到强化布局结构的作用。

其次，深沉的色彩在整体布局中通常能够营造出稳重和深厚的氛围。深沉的色彩，如深蓝色、棕色等，常常在设计中用于打破明亮色彩的活泼感，赋予整个空间更为平衡和内敛的氛围。这种低对比度的色彩运用可以使整体布局看起来更加统一，降低视觉冲击，使观者更容易沉浸在空间氛围之中。例如，深沉色彩的墙面或家具可以在整个布局中扮演平衡元素的角色，为空间注入沉稳和安定感。

通过对比实例，设计师可以更具体地了解明亮色彩和深沉色彩在整体布局中的运用效果。通过分析这些实例，设计师可以学到不同色彩的搭配原则，了解在何种情境下使用明亮的色彩，以及何时选择深沉的色彩，从而更有针对性地运用色彩来优化整体布局认知。

3. 形状对大小感观的影响

形状在环境设计中对观者的大小感官产生着深远的影响。通过详细研究不同形状如何影响观者对物体大小的感知，以及曲线与角度在大小感观上的独特表现，设计师可以更精准地运用形状设计策略，优化观者的大小感觉体验。

首先，不同形状的设计可以直接塑造观者对物体大小的感知。例如，圆形往往会使物体显得更为丰满和大气，方形则更容易让人感知到稳重和坚固。通过选择不同的形状，设计师可以引导观者在空间中对物体大小产生不同的认知。在实地调研中，通过观察和测量不同形状元素的大小感觉，设计师可以积累经验，了解观者对各种形状的大小感知的普遍规律。

其次，曲线与角度在大小感观上具有独特的表现。曲线往往能够产生柔和、流动的感觉，使物体显得更为温暖和亲和，可能导致观者对物体的大小感知更加模糊。相反，角度则常常带有锐利、明确的感觉，使物体显得更为明确和轮廓分明，可能导致观者对物体的大小感知更为明确。在实际设计中，通过灵活运用曲线和角度，设计师可以调整大小感观，使其更符合设计的整体氛围。

通过实地调研和深入研究不同形状对大小感观的影响，设计师可以得出更精准的形状设计策略。这些策略可以应用于各种环境设计中，包括室内设计、景观设计等，为观者提供更富有层次感和体验感的空间。在设计过程中，设计师应根据具体的设计目标和氛围要求，灵活选择和组合不同形状元素，以达到优化观者大小感观体验的效果。

第四章　现代材料在环境设计中的应用

第一节　现代材料科学的发展对环境设计的影响

随着材料科学的迅猛发展，新技术的涌现为环境设计带来了前所未有的可能性。

一、纳米技术与设计创新

纳米技术作为材料科学中的一项革命性技术，正在为环境设计领域带来深刻的变革。通过精确控制和操作材料的纳米级结构，设计师可以实现对材料性能的精细调控，从而推动设计创新。

（一）纳米技术在环境设计中的应用

纳米技术在环境设计中的应用为该领域带来了革命性的变革。在建筑材料领域，纳米技术的运用不仅为材料赋予了更加精细和可控的特性，同时也为建筑本身注入了新的功能性和可持续性。

首先，通过纳米技术的应用，建筑材料获得了自洁的特性，使得建筑外表面能够自动清洁，减少对外部清洁维护的需求，提高了建筑的耐久性。这种自洁效果的实现是通过纳米级的涂层或材料表面结构，使污垢无法附着，从而保持建筑外观长期清新。

其次，纳米技术的应用还使建筑材料具备防污的特性，防污功能能够阻止污渍在表面附着，减轻了清理的负担，尤其是在城市环境中，大气污染和雨水中的污染物对建筑外表面的影响较大。这种防污效果通过纳米涂层或纳米材料的表面改性实现，为建筑维护提供了便利，同时也减少了清洁过程中使用的化学清洁剂的需求，符合可持续设计的理念。

最后，纳米技术的运用还提高了建筑材料的抗菌性能。在建筑环境中，细菌和微生物的滋生可能对人体健康造成影响，因此通过在建筑材料表面引入纳米材料，可以抑制微生物的繁殖，提高建筑内部空间的卫生水平。这种抗菌效果不仅在医疗建筑领域具有重要意义，而且适用于公共场所和住宅等各类建筑类型。

在室内设计领域，纳米技术的应用同样为家具和装饰材料带来了创新。纳米涂层或材料的运用赋予家具表面更为丰富的效果，如独特的光泽、颜色变化或纹理，从而提升了室内设计的艺术性。这些纳米材料不仅改变了家具的外观，还可能赋予其更多的功能性，如抗污、抗菌等特性，增强了家具的实用性和维护便捷性。

（二）纳米技术对材料性能的提升

纳米技术的应用在改善材料性能方面取得了显著成就，通过纳米级的结构调控，材料的各项性能得以优化，从而拓宽了设计的可能性。

首先，在强度方面，纳米技术通过调控材料的微观结构，使其在纳米尺度上表现出更加均匀、致密的结构。这种微观结构的调控可以有效减少材料中的缺陷和孔隙，提高了材料的整体强度。此外，通过引入纳米颗粒或纳米纤维等材料，可以形成更强固的材料网络，进一步提升了材料的抗拉、抗压强度，使其在应力环境下表现得更为卓越。

其次，在硬度方面，纳米技术的运用为材料硬度的提升提供了有效途径。通过在材料结构中引入纳米颗粒或纳米晶体，使得材料表面存在更多的硬质结构，从而提高了整体硬度。这种硬度的提升不仅使材料在摩擦、磨损等方面表现得更为出色，同时也拓展了材料在不同领域的应用范围，如工具材料、涂层等。

最后，在导电性方面，纳米技术的应用对电子材料的性能进行了革命性的改善。通过在导电材料中引入纳米结构，可以有效减小电子在材料中的散射，提高电子的迁移率，从而提升材料的介电性能。这对于电子元器件、传感器等领域的发展具有重要意义，为实现更小型化、高效化的电子设备提供了可能。

除了强度、硬度和导电性方面外，纳米技术还对材料的其他性能产生了深远的影响。例如，纳米技术的应用可以改善材料的热导性能，使其在高温环境下具备更好的稳定性；在光学性能方面，纳米结构的引入可以实现材料的光学调控，创造出独特的光学效果。这些性能的提升不仅为传统材料赋予了新的特性，也为材料在先进技术领域的应用提供了更广泛的可能性。

（三）纳米技术对设计的影响

纳米技术的广泛应用深刻地影响了设计的理念和方法，为设计领域带来了新的维度和可能性。其精细的控制能力使得设计更趋向于个性化和定制化，从而满足了用户对环境的个性化需求。

首先，纳米技术的引入使得设计能够更加精准地满足用户的个性需求。通过微观尺度的结构调控，设计师可以根据用户的偏好和需求，定制材料的表面特性、颜色、纹理等方面，使得设计更具独特性和个性化。这种定制化的设计不仅令用户感受到独一无二的环境体验，同时也反映了设计师在应用纳米技术时对用户个性的深刻理解。

其次，纳米技术的创新性应用催生了全新的设计语言和审美标准。设计师在利用纳米技术时，常常通过调控材料的微观结构、引入纳米级的元素或效应，创造出全新的视觉效果和艺术表达。这种创新性的设计语言打破了传统的材料和形式的限制，为设计师提供了更加广阔的创作空间。纳米技术的应用不仅改变了设计的外观，还深刻地影响了设计的观感、观念和审美标准。设计师通过探索纳米技术的艺术性应用，塑造了独特、富有未来感的设计风格，推动了整个设计领域的发展。

最后，纳米技术的引入也促使设计思维发生了转变。设计师不再仅仅考虑传统材料的性能和特性，而是更加关注微观层面的结构和效应。这种思维的变革使得设计更加细致入微、科技感更强，同时也增强了设计师对材料科学、纳米技术等领域的跨学科理解。设计师与材料科学家的紧密合作成为可能，推动了设计与科技的融合，形成了更加创新和前瞻的设计理念。

二、生物材料与生态设计

生物材料的广泛应用标志着环境设计中对生态友好性的追求。通过借鉴自然界中生物材料的特性，设计师能够实现更环保、可持续的设计。

（一）生物材料在环境设计中的应用

生物材料在环境设计中的应用为建筑、景观和室内设计带来了革命性的变革。设计师通过探究天然、可降解的生物材料，成功将其融入各个设计领域，从而实现了更为可持续、生态友好的设计理念。

首先，在建筑设计领域，生物材料被广泛运用于建筑外墙、屋顶和装饰等方面。例如，竹子、稻草等可再生的植物材料被用作建筑外墙的装饰，不仅赋予建筑独特的自然风格，还具备较好的保温性能。生物材料的运用使建筑与周围的自然环境更加融为一体，呈现出绿色、生态的设计效果。

其次，在景观设计中，生物材料的应用更是多方面而深刻的。植物纤维、生物陶土等可降解的材料被广泛运用于景观雕塑、花盆等装饰元素的制作，使景观更具自然质感。此外，生物材料在景观铺装、园路等方面的应用也取得了显著成就。通过选择天然的、可生物降解的铺装材料，设计既实现了人与自然的和谐共处，又减轻了人类活动对环境的不可逆影响。

最后，在室内设计中，生物材料不仅被用于家具、地板等方面，还应用于装饰和艺术品的制作。例如，天然的木材、竹子等作为家具材料，既满足了人们对环保材料的需求，又为室内营造了温馨的自然氛围。此外，设计师还通过生物材料的创新运用，制作了具有艺术性的可降解装饰品，为室内设计增添了独特的艺术价值。

（二）生物材料对设计的影响

生物材料的应用对设计的审美和功能产生了深远的影响，凭借其可降解性、天然美感等特性，为设计领域注入了新的活力。

首先，生物材料的可降解性对设计的可持续性产生了积极影响。在生态设计中，可降解的生物材料被广泛运用于建筑、家具、装饰等方面，不仅减少了对非可再生资源的依赖，还降低了设计对环境的不可逆影响。这种材料的可降解性使得设计成为可循环的生态系统的一部分，推动了设计理念朝着更加可持续的方向发展。

其次，生物材料的天然美感为设计注入了自然元素，使得设计更加和谐与自然。例如，天然木材、竹子等生物材料在家具设计中的运用，赋予了家居环境自然、温馨的氛围。这些天然材料不仅呈现出独特的纹理和颜色，还散发出自然的气息，使居住空间更加舒适宜人。生物材料的运用不仅带来视觉上的享受，还通过触觉、嗅觉等感官传达了对自然的深层次体验。

最后，在功能性方面，生物材料的特性也为设计提供了多样化的选择。生物材料常常具有良好的保温、调湿性能等特点，使得其在建筑、室内设计中发挥着独特的功能。例如，草木纤维等可降解的材料在建筑外墙的运用上既实现了装饰效果，还具备一定的保温性能。这种功能性的发挥不仅满足了设计的实际需求，还使得设计更贴近自然的生态系统，实现了与环境的更好融合。综合而言，生物材料的应用对设计的审美和功能产生了深远的影响，使得设计更加可持续、和谐与自然。其在生态设计中的多层次应用，不仅丰富了设计的表现形式，还引领着设计思维朝着更为生态友好的未来方向发展。这一趋势对当代设计领域具有重要的学术和实践价值，为可持续发展的设计理念提供了有益的启示。

三、先进合金与结构创新

先进合金的研究对建筑结构和家具设计等方面提供了更为先进的材料选项，为环境设计注入了轻量化和高强度的元素。

（一）先进合金在建筑结构中的应用

先进合金在建筑结构中的创新应用为建筑设计领域带来了革命性的变革。通过引入先进合金，建筑结构不仅在保持足够强度的同时变得更加轻盈，而且这一创新推动了建筑设计向更大跨度、更轻型化的方向迅猛发展。

首先，先进合金的高强度和轻质特性使得建筑结构能够更有效地实现大跨度设计。传统建筑结构在面对大跨度需求时可能面临重量增加和强度不足的困境，而先进合金的运用改变了这一格局。其高强度使得建筑结构能够承受更大的荷载，同时轻质的特性降低了整体结构的重量，使得大跨度设计成为可能。这种创新应用为建筑设计提供了更大的自由度，拓展了设计的空间和可能性。

其次，先进合金的耐腐蚀性和耐久性为建筑结构的长期稳定性提供了可靠保障。建筑结构常常面临自然环境带来的风雨侵蚀、氧化腐蚀等问题，而先进合金的耐腐蚀性使得结构即使在恶劣环境下依然能够保持稳定。这种耐久性不仅延长了建筑结构的使用寿命，还降低了维护和修复的成本，符合可持续设计的理念。

最后，先进合金在建筑结构中的应用促进了轻型化设计，使得建筑更加环保和高效。轻型结构减少了建筑对资源的需求，减轻了对地基和基础设施的负担。此外，轻型结构还降低了建筑的运输和安装成本，提高了建筑施工的效率。这一创新应用使得建筑设计在追求更高性能的同时，更加注重生态环境的保护和可持续性发展。

（二）先进合金对家具设计的影响

先进合金的应用对家具设计产生了深远的影响，为家具的形式和功能带来了变革。通过引入先进合金，家具设计不仅在形状和结构上实现了更为独特的创新，还提高了耐用性和舒适性。

首先，在形状和结构方面，先进合金的高强度和可塑性为设计师提供了更广阔的创作空间。传统材料在实现特殊形状和复杂结构时可能面临一定的限制，而先进合金的引入克服了这一挑战。设计师可以通过先进合金的加工和成型技术，创造出更为独特、富有创意的家具形式。例如，先进合金可以轻松实现细长、曲线、异材质结合等设计元素，使得家具更具有现代感和艺术性。这种形式上的创新为家具设计注入了时尚与个性，满足了用户对个性化、独特化家具的需求。

其次，先进合金的高耐用性延长了家具的使用寿命，为设计师提供了更长远的考虑。家具通常面临日常使用中的摩擦、压力等，而先进合金的耐磨性和抗腐蚀性使得家具更能抵御外界环境的侵蚀。这不仅延长了家具的寿命，减少了更换和维修的频率，同时也降低了对资源的浪费。设计师可以更加注重家具的品质和可持续性，推动了家具设计朝着更为环保和经济的方向发展。

最后，在舒适性方面，先进合金的运用为家具提供了更多的设计可能性。其轻量化的特性使得设计师可以创造更轻盈、易于移动的家具，提高了家具的灵活性和便携性。同时，先进合金的导热性和调温性能也为家具的舒适性提供了有利条件。例如，通过在家具表面引入导热合金，可以实现家具在不同季节的适应性，使用户更加舒适。这种对舒适性的关注使得家具设计更贴近人性化需求，提升了用户体验。

第二节　环保材料与可持续设计的实践

一、可持续设计的基本原则

可持续设计的基本原则是确保设计和建筑过程中对环境、社会和经济的影响最小化。这包括以下几个方面：

（一）资源利用

资源利用在设计阶段的考虑是可持续设计中至关重要的一环，其核心理念在于优先选择那些能够有效利用资源并减少对有限资源依赖的材料。设计者需要在材料的选择和应用中充分考虑可再生性和可持续性，以确保设计的整个生命周期都对环境产生最小的负面影响。在这一过程中，设计者不仅要关注材料的物理性能，还需要考虑其对生态系统、社会和经济的综合影响。

首先，关注材料的可再生性是资源利用的重要方面。可再生材料是指那些能够通过自然过程或可持续管理再生的材料，如木材、竹子等。在设计选择中，优先考虑采用这些材料，以减少对非可再生资源的依赖。通过对可再生材料的使用，不仅可以保护自然生态系统，还能够促进农业和林业的可持续发展，实现资源的可再生循环利用。

其次，可持续性是资源利用的另一个重要考量因素。在设计中，需要选用那些在提取、制造、使用和废弃的全生命周期中都具有较低环境影响的材料。这包括通过采用清洁生产技术、降低能源消耗和排放等手段，减少对环境的不良影响。通过这种方式，不仅能够在建筑和产品的使用阶段减少资源浪费，还能够降低生命周期的环境负担。

综合考虑可再生性和可持续性，设计者应当注重材料的循环经济特性。循环经济强调通过最大限度地延长产品和材料的寿命周期，减少废弃物的产生。在资源利用方面，设计者可以选择可回收、可再生的材料，推动循环经济的发展。例如，选择可回收的金属材料，或者采用可降解的塑料，以降低对非可再生资源的需求，并减少对环境的负担。

在设计中，还需考虑材料的能效性能，以确保在使用阶段能够最大限度地减少能源消耗。通过采用高效的绝缘材料、节能设备等措施，设计可以在建筑和产品的使用过程中降低能源需求，减轻对能源资源的压力。

（二）能源效率

能源效率在设计中的强调是可持续设计的重要组成部分，其核心目标在于通过采用先进的技术和系统，降低建筑运行和维护过程中的能源消耗。设计者应在建筑和产品的各个方面综合考虑能源效率，以实现对资源的更加智能、有效利用。

首先，关注能源效率要求采用先进的技术和系统。在建筑设计中，引入智能化、自动化的系统是提高能源效率的有效途径。通过使用先进的建筑管理系统（BMS）和智能控制技术，可以实时监测和调整建筑内部的温度、照明和空调等设备，以适应实际使用情况，最大限度地减少能源浪费。此外，采用先进的能源存储技术和分布式能源系统也能够更好地匹配能源需求，提高能源利用效率。

其次，设计中应注重建筑运行和维护阶段的能源消耗。建筑在使用阶段的能源需求主要来自供暖、通风、空调和照明等方面。通过在设计中考虑建筑的朝向、自然通风、隔热材料的运用等手段，可以减少对人工能源的依赖，提高建筑自身的能源利用效率。此外，采用高效率的设备和系统，如 LED 照明、节能空调系统等，也是提高建筑运行效率的关键。

在产品设计中，同样需要注重能源效率。采用低功耗的电子元件、设计高效的电路结构以及优化电源管理策略，可以降低产品在使用中的能耗。此外，对于电子产品的设计，还可以考虑采用可再生能源供电，如太阳能电池板，以减少对传统能源的依赖，实现更为可持续的产品设计。

(三)生态系统保护

生态系统保护是可持续设计的重要原则之一，其核心在于确保设计过程和建筑使用不对生态系统造成负面影响，并努力保留和保护当地的生态平衡，以减少对生物多样性的破坏。设计者应在方方面面注重生态系统的保护，从土地利用规划到具体建筑和产品的设计，都需要综合考虑生态影响，以实现对自然环境的最佳保护。

首先，在土地利用规划中考虑生态系统的特征和脆弱性。在选择建筑用地时，设计者应了解当地生态系统的类型、动植物群落的分布以及生态敏感区域的位置。通过科学合理的土地规划，可以最大限度地减少对自然生态系统的干扰，确保建筑不会建在关键的生态区域内，从而保护当地生态系统的完整性。

其次，在建筑和产品的设计中注重生态系统的保护是至关重要的。如图4-1、图4-2所示，采用生态友好型建筑设计原则，可以有效降低建筑对周围生态环境的影响。此外，选择环保材料，减少对自然资源的开采，有助于降低设计和建筑的生命周期环境负担。在产品设计中，避免采用对生态系统有毒有害的材料，优化产品生产过程，从而减少对生态系统的损害。

图4-1　生态友好型建筑设计（一）　　图4-2　生态友好型建筑设计（二）

最后，生态系统保护还需要考虑建筑和产品在使用阶段的环境影响。通过采用低能耗、低排放的技术和设备，以及推动可再生能源的使用，设计者可以最大限度地降低建筑和产品对周边生态环境的负担。此外，在建筑的维护过程中也应采用环保的方式，以减少对周围自然环境的影响。

在整个设计过程中，与当地社区和相关利益相关者的合作是实现生态系统保护的关键。通过与当地社区协商、了解他们对生态环境的需求和关切，设计者可以更好地平衡建筑和产品设计的实际需求与生态系统保护的目标，实现最佳的社会、经济和环境效益。

二、生命周期评估与设计决策

生命周期评估（Life Cycle Assessment，LCA）是一种系统性的方法，用于综合评估产品或项目从原材料提取、制造、使用，再到废弃的整个生命周期过程。在可持续设计中，生命周期评估对设计决策起着关键作用，通过深入分析不同选择的环境和社会影响，从而影响设计决策的方向与策略。

（一）影响设计决策

1. 全面考虑生命周期

生命周期评估强调全面考虑产品或建筑的整个生命周期，不仅关注使用阶段，还包括前期的原材料提取、制造过程以及后期的废弃处理。这使得设计者能够更全面地理解各阶段的环境和社会影响，从而在设计决策中进行全面权衡。

2. 减少环境和社会足迹

通过生命周期评估，设计者可以识别出在不同阶段对环境和社会的影响，包括能源消耗、排放物产生、资源利用等。这有助于设计者更好地选择那些在整个生命周期中对环境和社会足迹影响较小的方案，从而引导设计决策朝着更为可持续的方向发展。

3. 综合性决策支持

生命周期评估为设计决策提供了综合性的决策支持工具。设计者可以通过比较不同设计方案的生命周期评估结果，权衡各方面的利弊，做出更为科学和全面的决策。

（二）优化材料选择与使用

1. 环保和经济效益的材料选择

生命周期评估帮助设计者识别出在整个生命周期中具有较低环境影响和更高经济效益的材料。这使得设计者能够优先选择那些对资源利用和环境负担较小的材料，从而推动可持续设计的实现。

2. 最大限度地减少资源浪费

在使用阶段，生命周期评估指导设计者如何最大限度地减少资源浪费和环境污染。通过优化材料的使用方式、提高材料的回收利用率等手段，设计者能够在设计中融入更多的循环经济理念，实现资源的最大限度利用。

3.环境污染减少

生命周期评估对设计者提出了在使用阶段减少环境污染的挑战。通过选择低污染、可降解的材料，设计者能够在产品或建筑的使用阶段减少对环境的负面影响，为环保目标做出积极的贡献。

三、环保材料在设计中的应用

（一）可降解材料在景观设计中的运用

可降解材料在景观设计领域中的广泛运用展现了其在推动生态友好景观的实现上的显著潜力。这类材料的代表，如可降解的花盆和园艺布，为景观设计注入了新的环保元素。在这一设计理念的引领下，设计者得以更好地减少对土壤和水质的污染，实现了对自然环境的尊重与保护。

可降解材料在景观设计中的运用不仅在材料选择上体现了对环境的关怀，还通过其特有的生态友好性为景观带来了独特的美学效果。例如，可降解花盆的使用不仅满足了植物生长的需求，而且在花期结束后，这些花盆可以在自然环境中自行分解，避免了传统花盆可能带来的废弃物问题。这种自然降解的特性使得景观不再仅仅是短暂的一时之美，而是注重与自然和谐相处的永久性创作。

园艺布作为可降解材料的另一个重要代表，其在景观设计中的运用也具有显著的生态价值。园艺布的可降解特性意味着在一定时间内，它会逐渐分解为对土壤无害的物质，减轻了对土壤的污染压力。此外，可降解的园艺布还有助于提高土壤的通透性和保水性，为植物提供更为适宜的生长环境，使景观更具生态平衡。

在学术上，对可降解材料在景观设计中的应用进行深入研究有助于发展更为可持续的设计理念。这种研究可以涵盖对不同可降解材料的性能、分解速度以及对土壤和水质的影响等方面的详细分析。通过深入了解这些材料的特性，设计者可以更有针对性地选择材料，以最大限度地减少对环境的负面影响。

最后，可降解材料的使用还能够引发对可持续设计理念的广泛讨论。在学术界，可以探讨可降解材料在景观设计中的实际效果和潜在挑战，进一步推动可持续设计的研究和实践。这不仅有助于丰富景观设计的理论框架，而且为未来设计的发展提供了可持续性的思路。

（二）再生材料在建筑设计中的实践

再生材料在建筑设计中的广泛应用标志着建筑行业朝着更加可持续的发展方向迈出了重要一步。

1. 建筑结构中的再生材料

再生材料在建筑结构中的应用为建筑行业带来了显著的环保效益。

首先，再生钢铁作为一种主要的再生材料，被广泛应用于建筑结构中。通过回收和再加工废弃的钢铁材料，不仅减少了资源的开采，还降低了生产过程的碳排放。分析再生钢铁的力学性能和耐久性，可以强调其与原材料相比的可比性，证明其在建筑结构中的可行性和可靠性。

其次，再生木材在建筑结构中的应用也备受关注。通过有效地回收和再利用废弃木材，可以减少对自然森林的砍伐，有助于维护生态平衡。分析再生木材的强度、稳定性和抗腐蚀性，可以突出其在建筑结构中的优势，特别是在注重可持续性和绿色建筑的项目中。

在学术上，对再生材料在建筑结构中的实践进行深入研究，可以探讨其与传统材料在力学性能、结构设计和建筑安全性方面的对比。这种比较有助于建立科学的评估体系，为设计者提供更明智的再生材料选择和应用建议。

2. 外立面设计

再生材料在建筑外立面设计中的实践进一步丰富了建筑的美学和可持续性。外立面设计不仅关乎建筑的外观效果，还涉及对环境的影响和建筑的整体性能。通过采用再生材料，建筑外立面可以实现更高水平的可持续性和实用性。

首先，探讨再生材料在外立面设计中的应用，特别是其对建筑外观效果的影响。再生材料的独特纹理和颜色可以为建筑赋予独特的美感，呼应可持续设计理念的同时不失设计的艺术性。通过深入分析具体案例，可以凸显再生材料在不同建筑风格和设计理念中的成功应用，从而启发设计者更灵活地运用再生材料。

其次，强调再生材料在外立面设计中的耐久性。考察再生材料的抗风化、耐腐蚀等性能，有助于证明其在外部环境中的实际表现。这对于建筑的长期可持续性和维护成本的降低具有重要意义。

第三节　先进材料与智能化环境设计

一、先进材料对环境设计的革新

(一)智能材料与交互设计

智能材料在交互设计中的创新应用为环境设计带来了革命性的变化。感知技术和响应性材料的结合不仅重新定义了设计的形式，还深刻地改变了用户体验。这一领域的创新在环境设计中展示了新的可能性，通过对智能材料的探索，设计者能够打破传统设计的边界，为用户创造更加智能、互动和令人惊艳的环境。

1.感知技术的创新应用

感知技术的创新应用为环境设计带来了巨大的变革，注入了更强的交互性，提升了设计的智能化水平，同时增强了用户与环境互动的体验。通过整合传感器、摄像头等设备，设计者得以实时获取环境中的数据，并能够智能地根据用户的动作、情感或环境变化进行实时响应。

在室内设计领域，感知技术的创新应用体现在智能照明系统的设计上。通过使用传感器来感知光线强度以及用户的活动，系统可以实现智能调整光线亮度的功能。例如，当环境光线变暗时，系统可以自动提高照明亮度，提供更为明亮的光环境，以适应用户的需求；反之，当环境光线充足时，系统可以自动调整照明亮度为较低水平，既保证能见度又节约能源。这种智能照明系统的创新应用不仅关注了光照的数量和强度，而且通过感知技术的实时响应，创造出更为舒适、智能、用户友好的室内光环境。

这一创新的应用不仅停留在照明领域，还扩展到了空调、音响等设备的智能控制领域。通过整合感知技术，系统可以实时感知室内温度、湿度等参数，根据用户的活动和环境变化智能地调整空调温度和湿度，以提供更为舒适的室内环境。在音响系统方面，感知技术可以捕捉用户的音乐喜好，根据不同的情境智能地选择音乐曲目，使用户在不同空间中获得更为个性化的音乐体验。

2.响应性材料的形式改变

响应性材料的应用在交互设计领域中引发了设计的革新，为设计带来了更为多样的可能性。这些材料具有对外部刺激的高度敏感性，能够实时响应环境变化或用户输入，从而创造出具有动态感的设计效果。其中，响应性墙面材料的运用成为一个典型的例证，其通过在环境温度变化中改变颜色或纹理，为室内空间注入了更为丰富的形式表达。

在交互设计中，响应性墙面材料的创新应用着重体现在其对环境温度变化的实时响应方面。这样的墙面材料具备温感特性，当环境温度发生变化时，它们能够迅速做出相应的颜色或纹理改变。举例而言，当温度升高时，墙面材料可能呈现出明亮的颜色或独特的纹理，使室内环境更加活跃和明快；相反，当温度降低时，材料可能呈现出深沉的颜色或柔和的纹理，为空间增添温馨和宁静感。这种实时的响应性让墙面材料不再是静态的元素，而成为能够与环境互动的一部分，为用户创造出更加丰富、个性化的视觉体验。

这种形式的改变不仅在艺术性上提升了设计的水平，同时也使环境更加灵活，适应不同的需求和情境。通过响应性材料，设计者能够创造出具有情感表达的空间，使用户在不同的氛围中体验到全然不同的感觉。这为设计的多样性和个性化提供了更为广泛的可能性，进一步拉近了用户与设计环境之间的距离。

（二）新型材料在光影设计中的应用

新型材料在光影设计领域的应用为环境设计注入了新的艺术表达和创新思路。光学材料和光导纤维等新型材料的引入丰富了设计的层次和形式，使光影在环境中呈现出更为丰富的可能性，为设计师提供了更为灵活的创作工具。

1.光学材料的创新性应用

光学材料的创新性应用为光影设计领域带来了独特而引人注目的视觉效果。这类特殊材料具备折射、透明度等特性，通过这些属性，设计者能够实现光线的独特演绎，从而创造出变幻莫测的光影效果。在建筑外立面设计中，采用光学材料制作的表面成为一个富有创意和表现力的设计元素，能够在不同时间和角度呈现出多样的光学效果，从而增强建筑的立体感和视觉吸引力。

在光学材料的创新应用中，建筑外立面设计成为一个典型的案例。通过选择具有特殊光学性质的材料，设计者能够创造出引人入胜的光影效果。例如，采用折射性能强的光学材料，建筑表面能够在阳光照射下产生独特的折射效果，形成色彩斑斓的光影。这种效果在不同时间和不同角度呈现出各种面貌，使建筑外观具有时刻变化的艺术感。透明度强的光学材料则可以创造出通透明亮的外观，使建筑在光线的照射下呈现出轻盈的感觉，增强了整体设计的空间感。

这种光学材料的创新性应用不仅仅局限于建筑外立面，还扩展到了室内设计、景观设计等领域。在室内设计中，采用光学材料制作的照明装置可以通过折射和反射的效果创造出独特的光影艺术，为室内空间增色不少。在景观设计方面，光学材料的应用使得景观元素在不同光照条件下呈现出丰富多彩的效果，提升了景观的观赏性。

2. 光导纤维的实际成果

光导纤维的实际应用为环境设计领域带来了显著的效果。在室内设计中，光导纤维作为一种创新的光照技术，可以嵌入地板、墙壁或天花板，将自然光引导到室内，从而实现自然光的均匀分布。如图4-3、图4-4所示，这种应用不仅提高了建筑内部的采光效果，还在夜间创造出独特的光影效果，为室内空间增色不少。

图4-3 光导纤维运用成果（一）　　图4-4 光导纤维运用成果（二）

光导纤维的运用在室内设计中主要体现在其对采光效果的改善。通过将光导纤维嵌入建筑结构的不同部位，设计者可以实现对自然光的引导和分布，使室内的采光更加均匀。这不仅有助于减少对人工照明的依赖，节约能源，同时也为居住者创造了更为舒适和自然的室内环境。特别是在日间，光导纤维能够有效地将阳光引入室内，提升整体的光照亮度，使室内更为明亮、开朗。

除了白天的采光效果，光导纤维的应用还在夜间展现出独特的光影魅力。通过在建筑结构中设置光导纤维，设计者可以创造出夜间独特的光影效果，使建筑在暗夜中呈现出柔和而迷人的光环境。这不仅为建筑赋予了艺术感，还为夜间的空间体验增添了一份浪漫和神秘感。这种夜间光影效果的创造为建筑设计注入了更多的情感元素，丰富了空间的表达方式。

二、智能化设计的发展与趋势

（一）传感技术在环境感知中的角色

传感技术在智能化设计中扮演着关键的角色，其在环境感知与设计个性化方面的趋势和前景展示了智能设计领域的巨大潜力。通过深入研究传感技术的发展，我们可以更好地理解其在智能化设计中的关键作用。

1. 传感技术的演进

传感技术的不断演进为智能化设计领域注入了新的活力，为设计者提供了更多的可能性和更全面的环境信息。从最初的温度、湿度传感器到如今的多模式传感器，传感技术的发展不仅拓展了感知范围，还提高了感知的精准性，为设计的智能化与个性化奠定了坚实的数据基础。

最初的传感技术主要集中在基础的温度、湿度传感器上，用于监测和调节室内环境。随着技术的进步，传感技术逐渐涵盖了更多的感知领域，包括声音、光线、运动多个方面。这种多模式传感器的应用使得设计者能够更全面地获取环境信息，实现对空间状态的全面感知。例如，光感应器可以实时感知自然光的变化，智能调节室内照明系统，提高能源利用效率。声音传感器可以捕捉周围环境的噪声水平，帮助设计者优化空间的声学环境。

随着生物技术的进步，生物传感器的引入使得设计者能够更深入地了解生态系统的状态。生物传感器可以感知植物的生长状态、土壤的湿度等信息，为景观设计提供了更为准确的数据支持。通过实时监测植物的健康状况，设计者可以调整灌溉系统、植物配置，实现更为智能和可持续的景观设计。

另外，人体传感器的广泛运用也为智能化设计带来了新的可能性。通过人体传感器，设计者可以捕捉用户的行为模式、活动轨迹等信息，实现对用户需求的个性化响应。例如，在室内智能家居系统中，人体传感器可以感知到用户的存在并调整照明、温度等环境参数，提高用户的居住舒适度。

这些传感技术的演进为智能化设计带来了实际的效果，使得设计能够更加贴近用户的需求和环境的变化。在学术上，对传感技术的演进进行深入研究有助于理解其在设计中的实际影响。通过分析不同传感技术的原理、特性以及在实际项目中的应用案例，可以为设计理论提供更为科学和系统的支持。这种研究不仅有助于揭示传感技术对智能化设计的贡献，还为未来智能环境设计提供了更为可行的方向。

2. 环境感知的深化

传感技术的深化为环境感知带来了更智能和细致的发展，通过整合各类传感器，系统能够实时感知并分析环境的多种参数，包括光线、温度、空气质量等。这一深化的环境感知为智能化设计提供了更全面的信息，使得系统能够更好地适应不同的场景和需求，为用户提供更舒适、安全、高效的空间体验。

首先，深化的环境感知表现为对多种环境参数的全面监测。通过光纤传感器，系统能够实时感知室内和室外的光照情况，进而调整照明系统，提供最适宜的光照环境。温度传感器则可以监测室内温度变化，为空调系统提供及时的数据支持，实现室内温度的智能调节。同时，空气质量传感器的引入使得系统能够实时监测室内空气中的污染物质浓度，从而采取相应的通风、净化措施，保障室内空气的清新和健康。

其次，深化的环境感知体现为对用户行为的精准捕捉。人体传感器的运用使得系统能够准确捕捉用户的行为模式，包括活动轨迹、停留时间等。这为智能化设计提供了更为精细的用户需求分析基础，使得空间能够更好地适应用户的习惯和偏好。例如，在智能家居系统中，系统可以通过分析用户的活动轨迹，智能调整家居设备的状态，提供更为智能和贴心的服务。

最后，深化的环境感知还表现为对生态系统状态的监测。生物传感器的应用使得系统能够感知植物的生长状态、土壤湿度等信息，为景观设计提供更为准确的数据支持。这有助于实现智能化的园林管理，优化植物配置，提升景观的生态友好性。

传感技术的不断进步推动了设计的个性化趋势。通过对用户行为和环境数据的分析，智能系统可以更好地理解个体需求，实现个性化的设计响应。例如，在室内环境中，系统可以根据用户的喜好和习惯自动调整照明、温度等，为用户创造更为舒适的个性化环境。

（二）人工智能与环境设计创意

人工智能作为智能化设计的重要驱动力，对环境设计创意的推动具有显著影响。通过强调人工智能在设计创新、自适应性设计等方面的前沿应用，可以深刻地理解人工智能对环境设计的影响和潜在的发展趋势。

自适应性设计的实际应用

人工智能的介入为设计领域注入了全新的创新方式。通过机器学习算法，人工智能系统能够从庞大的设计数据库中学习并生成具有创意性的设计方案。这种数据驱动的设计过程为设计师提供了更多的灵感和创意的启示，显著推动了设计创新的发生。

人工智能在设计创新中的作用主要体现在其能够处理和分析大规模设计数据的能力上。通过深度学习和机器学习算法，人工智能系统可以有效地挖掘设计领域的庞大数据集，包括先前的设计案例、用户反馈、材料信息等。这种数据的收集和分析使得人工智能系统能够理解设计的趋势、用户偏好以及创新方向，为设计创意提供更为全面和深入的参考。

机器学习算法的运用使得人工智能系统能够从海量的设计数据中学习并生成创意性的设计方案。通过对历史设计案例的学习，系统能够识别出设计中的关键元素、风格特征以及创新模式。这使得人工智能系统能够在设计过程中提供有针对性的建议和灵感，激发设计师的创造力。例如，在建筑设计中，人工智能可以分析先前成功项目的设计元素，并为新项目提供相应的创新建议，为设计师提供更多的思路和可能性。

人工智能的设计创新还表现在其能够快速生成大量设计方案并进行评估的能力上。通过算法的高效计算和模拟，人工智能系统可以在短时间内生成多个设计方案，并根据设计目标和限制进行评估。这种高效的设计生成和评估过程为设计师提供了更多的选择，并帮助其在更短的时间内找到最优的解决方案。

第五章 空间规划与布局设计

第一节 公共空间设计的原则与实践

一、公共空间设计的基本原则

（一）强化环境艺术设计的理念和规划

1.环境艺术设计的理念创新

环境艺术设计在公共空间塑造中扮演着至关重要的角色，其理念的创新不仅体现了设计者的独特视角，还关乎公众对空间的感知与认同。

首先，创意的融入是环境艺术设计理念创新的核心。在公共空间设计中，设计者应当深入挖掘空间的特点和其中的文化内涵，以使独特的创意能够有机融入设计之中。这不仅涉及形式上的创新，还包括对功能、意义、情感的创造性处理，使设计超越单一美学层面，实现空间与人的深刻对话。

其次，现代审美与传统元素的巧妙融合是环境艺术设计理念创新的另一个要素。设计不应被时光束缚，而是要站在时代发展的前沿，关注人们的需求。通过将现代审美观念与传统元素相结合，设计可以在传承中创新，在注入当代气息的同时保留历史记忆。这种融合不仅体现了设计的包容性，还使得公共空间更具时代感和文化深度。艺术作品如能融入当代审美趋势，同时保持对传统的敬畏之心，便能在设计中达到一种文化传承与创新共融的境地。

2.环境艺术设计的规划与管理

在环境艺术设计的规划与管理过程中，多方面因素的全面考虑是确保设计成功的关键。

首先，规划者需要全面考虑公共空间的使用功能，深入了解不同人群的需求。这不仅包括基本的实用功能，还需考虑到人们的文化背景、生活习惯以及对艺术的欣赏程度。通过深入了解使用者的多样性，规划者能够更好地调配空间资源，使得艺术作品与空间环境相协调，满足不同人群的需求，使空间更具包容性。

其次，关注空间的层次感和艺术作品之间的关联性是规划中不可忽视的要素。在规划过程中，应当注重空间的分层设计，使得不同区域有清晰的功能定位和视觉引导，从而提升整体设计的层次感。同时，艺术作品的选址和布局也需考虑其与周围环境的关联性，使其融入整体设计，与周围景观和建筑形成和谐统一的整体。这种关联性的追求不仅令公共空间呈现出更为自然与流畅的美感，还提高了观者对艺术作品的感知与理解。

3. 可持续性发展与公众参与

环境艺术设计的可持续性发展是当代设计的重要趋势之一，而公众的积极参与是推动可持续性发展的关键力量。

首先，在可持续性方面，设计者应关注公共空间的环保性，通过采用环保材料和技术，降低环境污染和能耗。选择绿色环保材料，如可回收材料或可再生材料，有助于减少资源的消耗和对环境的不良影响。同时，运用先进的环保技术，如节能照明系统和雨水收集系统，有助于提高公共空间的可持续性，使设计更加环保与生态。

其次，公众参与是实现可持续性发展的关键环节。通过举办文化活动、艺术展览等方式，可以增进公众对艺术作品的认知和认同。这不仅可以提高公众对环境艺术设计的关注度，还能够激发公众对环保、可持续性的意识。艺术作品的展览和文化活动不仅令公共空间更具活力，还提供了公众参与的平台。通过参与艺术的创作与欣赏，公众能够更深刻地理解设计的价值和环保理念，进而在生活中更积极地支持和参与可持续性的实践。

在可持续性发展与公众参与的双重引导下，环境艺术设计得以更好地融入社会生活。通过关注环保材料和技术的应用，为公共空间的可持续性提供了实际保障。而通过文化活动和艺术展览，设计者在提升公共空间品质的同时，也培养了公众对艺术与环保的共识。

4. 政策支持与资金投入

政府部门的关注与支持是推动环境艺术设计在公共空间中应用的不可或缺的因素。

首先，政府应当重视环境艺术设计，意识到其对城市形象、文化传承和市民生活质量的积极影响。通过出台相关政策，政府可以鼓励和引导设计者创作高品质的艺术作品，建立起良好的设计环境。这包括对艺术家的奖励机制、对设计项目的扶持政策等，以激发设计者的创作热情，促进环境艺术设计水平的提升。

其次，资金投入是确保环境艺术设计得以实施的关键条件。政府需要加大对环境艺术设计的资金投入力度，为设计者提供充足的资源和支持。这涉及项目的预算、艺术作品的制作费用、展览活动的组织经费等方面。只有通过资金的充分投入，才能够创造出更具规模和深度的环境艺术设计项目。政策和资金的支持将有效地推动环境艺术设计的全面发展，为城市注入更多文化元素，提升城市形象与品质。

在政策支持与资金投入的推动下，环境艺术设计将在公共空间中发挥更大的作用。政府的政策关怀为设计者提供了创作的自由度和激励，使更多优秀的艺术作品得以涌现。同时，资金的投入不仅为项目的实施提供了有力保障，还为设计者提供了更广泛的创作空间。

（二）注重公共空间的功能性和人性化设计

1. 使用目的和功能需求的考虑

在环境艺术设计中，充分考虑不同公共空间的使用目的和功能需求至关重要，这既涉及满足人们的基本需求，也需要注重空间的文化表达和艺术创意。

公园设计的休闲娱乐功能是其中之一。公园作为城市中的绿地休憩空间，其设计应着重于提供宜人的环境，以满足市民的休闲需求。在这个背景下，艺术作品的安排可以轻松、愉悦为主题，通过雕塑、景观等形式，为公园增添趣味性和艺术氛围，使人们在自然中感受到文化的滋养。设计者需巧妙地结合艺术元素，使其既融入休闲娱乐场所的氛围，同时也满足公共空间的开放性和包容性。

另外，商业街的设计则需更强调购物消费功能。商业街作为商业活动的集聚地，其设计不仅需要吸引顾客，还应通过艺术设计打造独特的商业空间。例如，可以通过雕塑、艺术装置等形式，将商业街打造成为一个具有独特氛围和艺术感的购物场所。设计者可以运用现代艺术手法，使商业空间既满足商业功能，又展现出一定的文化内涵。这种综合设计不仅能够提升商业街的吸引力，还为商业空间注入了更多的文化元素，使其成为城市文化的一部分。

在环境艺术设计中，对不同公共空间使用目的和功能需求的综合考虑，不仅能够提高空间的实用性和吸引力，同时也为城市文化的发展和提升市民生活品质提供了新的思路。通过对公园和商业街等不同场所的差异性设计，艺术元素得以更好地融入城市空间，为人们创造出更具有活力和文化底蕴的城市环境。

2. 人性化设计的关键要素

在环境艺术设计中，人性化的考量是确保公共空间满足人们需求并提供舒适体验的关键。其中，人性化细节和无障碍设计成为设计中不可或缺的两大要素。

首先，对人性化细节的关注是人性化设计的重要方面。在设计过程中，需要特别关注公共空间的各种人性化细节，如座椅的舒适性、遮阳伞的设置、饮水设施的合理布局等。这些细节直接关系到人们在公共空间中的舒适度和体验感。通过巧妙设计这些元素，可以提高人们在公共空间中的满意度和愿意停留的时间。设计者需要深入了解人们的习惯和需求，使这些细节更符合用户的期望，进而提升空间的人性化程度。

其次，无障碍通道和设施的设置是人性化设计的重要保障。为了使公共空间更加包容和方便，设计者应当采用适当的绿化和景观设计，以提高公共空间的生态品质。同时，无障碍通道和设施的设置是为了方便残障人士使用。这包括轮椅通道、无障碍电梯、盲道等，确保不同能力和需求的人群都能够方便地进入和利用公共空间。通过这种设计，公共空间将更具包容性，为所有人提供平等使用的权利，体现社会的关爱和尊重。

3. 公共艺术作品的重要性

公共艺术作品在城市设计中扮演着重要的角色，其重要性体现在美化公共空间和提升文化内涵两个方面。

首先，美化公共空间是公共艺术作品的一项重要功能。通过引入富有创意和艺术感的公共艺术作品，可以有效美化公共空间，提升其整体视觉效果。这些艺术作品不仅在形式上丰富了空间，而且为城市增色不少。如雕塑、壁画、装置艺术等形式的公共艺术作品在城市景观中扮演着独特的装饰和点缀角色，为城市增添了艺术的氛围。这种美化效果不仅能够提升城市居民的生活品质，而且有助于吸引游客和外来人口，使城市更具吸引力。

其次，公共艺术作品能够提升公共空间的文化内涵。通过艺术作品的巧妙安排，设计者可以传递城市的历史、文化和精神内涵。这些作品承载着丰富的文化信息，增强了人们对于公共空间的认同感和归属感。公共艺术作品的文化内涵不仅是城市形象的重要组成部分，还是城市居民自身文化认同的表达。通过在公共空间中设置具有文化意义的艺术作品，城市将更有深度、更有内涵，为居民提供与城市共鸣的文化体验。

二、环境艺术设计在公共空间中的具体应用

（一）公园和绿地

1. 儿童游乐区的设计与应用

在公园和绿地中，儿童游乐区的设计是一项需要充分考虑儿童年龄特征和游戏需求的复杂任务。环境艺术设计在这一领域的应用能够通过巧妙的景观元素和艺术装置，为儿童创造出具有创意和趣味性的游乐空间。这种设计不仅注重实用性，而且着眼于使儿童游乐区成为公共空间中的艺术品，通过艺术元素的融入激发儿童的好奇心和探索欲望。

在设计儿童游乐区时，色彩的运用是至关重要的一环。通过采用色彩丰富的地面铺装、游戏设施的立体造型等手段，设计师可以打破单调的环境，吸引儿童的注意力。不同颜色对儿童的感知有着不同的影响，如图5-1、图5-2所示，明快的颜色可以激发活力，柔和的颜色则有助于营造温馨的氛围。因此，色彩在儿童游乐区的设计中不仅仅是为了美观，更是为了提供积极、愉悦的情感体验。

图5-1　儿童游乐区设计（一）　　图5-2　儿童游乐区设计（二）

最后，立体造型的游戏设施也是艺术元素的重要表现形式。通过雕塑、装置等方式，设计师可以创造出独特而富有创意的游戏元素，使儿童在游乐区中获得更丰富的体验。这些艺术装置不仅仅是简单的游戏设施，更是儿童对艺术的初步接触，为其提供了有趣的学习和互动体验。

艺术元素的巧妙融入使儿童游乐区既具有实用性，同时也成了公共空间中的艺术品。这种设计不仅满足了儿童的娱乐需求，还促进了其审美教育和创造力的

培养。通过在儿童游乐区中引入艺术元素，设计师在提升公共空间品质的同时，也为儿童提供了一个更具启发性和趣味性的成长环境。

2.植物配置与景观美化

环境艺术设计在公园和绿地中的植物配置方面发挥了重要的作用，旨在创造美丽的景观环境，通过巧妙的植物搭配和景观雕塑等元素设计，塑造出具有丰富层次感和季节变化的景观效果。这一方面是为了提升公共空间的美感，另一方面也是为了营造更具生态平衡和四季变化魅力的绿化环境。

在公园和绿地的植物配置中，巧妙的植物搭配是关键之一。设计师需要考虑不同植物的形态、颜色、生长周期等特征，通过合理搭配，创造出层次分明、丰富多彩的景观效果。如图5-3、图5-4所示，高低错落的植物配置可以形成层次感，而色彩丰富的花卉植物能够营造出绚丽多彩的景象。植物搭配的巧妙运用既满足了美学需求，又体现了生态平衡的考量，使得公园和绿地成为城市中的绿色艺术品。

图5-3　植物配置（一）　　　　图5-4　植物配置（二）

景观雕塑的引入也是植物配置与景观美化中的重要元素。通过在植物区域设置雕塑，设计师可以在绿化环境中注入更多的艺术元素，丰富景观的表现形式。雕塑的形态和材质选择要与植物相协调，形成一体感。这样的设计不仅增加了公共空间的艺术氛围，还为游客提供了更多欣赏和互动的机会，使植物配置不再局限于自然的呈现，而成为整体景观的一部分。

在植物配置中，考虑四季景色的变迁是至关重要的。设计师需要选择适应不同季节的植物，以确保公园和绿地在一年四季都能呈现出美丽的景色。春季可以选择花卉植物，夏季注重绿草葱茏，秋季可搭配红叶植物，冬季则强调枝干和结构。通过对四季景色的精心设计，公园和绿地在时间的流转中呈现出景色不同但同样迷人的面貌，使游客能够在不同季节感受到不同的美。

（二）广场和街道

1.休憩座椅与公共艺术装置的设计

广场和街道是城市中人们日常活动的主要场所，环境艺术设计在这些空间中的休憩座椅与公共艺术装置的设计方面发挥着关键作用。通过合理设置休憩座椅和引入公共艺术装置，既提升了这些空间的实用性，同时也丰富了城市景观，为市民创造了更具美感和文化内涵的环境。

休憩座椅的设计是为了满足市民在广场和街道上休息的需求。巧妙设计的休憩座椅不仅仅是简单的功能性家具，更可以成为城市景观的一部分。设计师可以通过选用不同材质、形状和颜色的座椅，使其与周围环境相协调，融入城市的整体风格。例如，木质座椅与自然环境相契合，现代设计的金属座椅则能够展现城市的现代氛围。休憩座椅的摆放布局也需要考虑人流、观景角度等因素，以确保市民能够在休息的同时欣赏到周围的城市景色。

公共艺术装置的引入为广场和街道增色不少。这些装置以雕塑、装置等形式呈现，通过独特的艺术表达方式，为城市空间注入了文化内涵。设计公共艺术装置需要注重与周围环境的协调，以避免与城市景观产生冲突。同时，公共艺术装置的设计要与城市的文化和历史相呼应，使其成为城市的标志性艺术品。通过巧妙的设计，这些装置既能够引起市民的注意，又能够提升广场和街道的整体艺术品质。

在休憩座椅和公共艺术装置的设计中，考虑市民的需求和文化背景是至关重要的。设计师需要通过深入了解城市居民的生活习惯和审美观念，量身定制具有地方特色的设计方案。这种以人为本的设计理念可以使休憩座椅更贴近市民的需求，使公共艺术装置更具有文化共鸣力。

2.建筑立面与景观家具的设计

在环境艺术设计中，广场和街道的建筑立面与景观家具的设计是至关重要的因素，对城市空间的整体品质产生着深远的影响。建筑立面的设计通过色彩、纹理和造型的巧妙运用，能够为城市空间带来更为丰富的视觉体验。同时，景观家具的设计注重实用性和美观性，如公共雕塑、座椅等元素，这些设计需要与城市的整体风格和氛围相协调，共同提升广场和街道的整体艺术品质。

建筑立面的设计是城市景观的重要组成部分之一。通过色彩的选择，设计师可以为建筑立面注入生机与活力，营造出独特的城市氛围。巧妙的色彩搭配不仅使建筑更加引人注目，还能够反映城市的文化特色。此外，纹理的运用也是建筑立面设计中不可忽视的要素。纹理的选择和搭配可以赋予建筑立面更多层次感，使其更富有质感。造型的设计则可以通过建筑的形状、线条等元素，创造出独特的建筑风格，使城市空间更加多元和富有变化。

景观家具的设计直接关系到城市空间的实用性和美观性。例如，公共雕塑作为景观家具的一种形式，不仅能够提升艺术品位，而且能够成为城市的标志性建筑，吸引市民和游客的视线。座椅作为另一种景观家具，其设计要注重人体工程学，以保障市民的舒适体验。巧妙设计的座椅不仅提供休息的功能，还能够成为城市空间的点缀，丰富环境层次。

这些元素的设计需要与城市的整体风格和氛围相协调。例如，在历史悠久的城市中，建筑立面的设计可以融入传统文化元素，弘扬历史传统；而在现代化的城市中，可以注入更多创新和前卫的设计理念，展现城市的现代氛围。另外，景观家具的设计也需要考虑城市居民的生活方式和文化背景，以满足不同人群的需求。

通过建筑立面和景观家具的巧妙设计，城市的广场和街道得以呈现更为独特、多元且富有艺术感的面貌。这种注重细节的设计理念不仅提升了城市空间的美学品质，而且为居民和游客创造了更加宜人的环境。在城市规划中，建筑立面和景观家具的设计成为城市形象和品质的关键点之一，为城市的可持续发展和文化传承做出了积极贡献。

3. 美学价值与社交空间的创造

环境艺术设计在广场和街道中的应用不应仅仅关注实用性和美感，更需要注重美学价值的创造。通过艺术性的建筑设计、街头艺术的引入等手段，可以使广场和街道成为城市中的文化展示空间，为市民提供更加丰富的文化体验。同时，艺术元素的融入还能够创造出更具社交性的空间，激发市民之间的交流和互动，促进城市社区的凝聚力和活力。

在广场和街道的设计中，艺术性的建筑设计是关键之一。通过建筑的外观造型、立面设计等方面的艺术处理，可以使建筑成为城市中的艺术品。采用独特的设计语言和形式，不仅提升了建筑本身的美感，同时也为城市增添了独特的文化氛围。艺术性建筑的存在，让广场和街道成为市民欣赏和提升品位的文化场所，使城市的空间更具有艺术性。

街头艺术的引入是另一种创造美学价值的方式。通过在广场和街道设置公共艺术展览、街头表演等活动，可以将艺术元素代入市民的日常生活。这不仅为市民提供了文化娱乐，还为他们创造了更具人文关怀的城市环境。街头艺术的多样性和丰富性能够满足不同群体的审美需求，促使市民更加积极地参与和感受城市文化的多元性。

最后，艺术元素的融入还能够创造出更具社交性的空间。在广场设置公共艺术展览和艺术装置，成为市民聚集的地点。这些艺术空间不仅提供了欣赏艺术的机会，同时也成为市民交流和互动的场所。例如，人们可以在艺术展览中进行文化交流，共同欣赏艺术作品，促进社区凝聚力的形成。在城市的设计中注入社交元素，使广场和街道不仅是交通区域，更成为市民社交的场所。

（三）公共艺术设施

1. 艺术性的造型与元素设计

在城市公共空间中，公共艺术设施的设计应当注重艺术性的表达。通过巧妙的造型、色彩和材质设计，使公共艺术设施成为城市的艺术品，为市民提供丰富的文化体验。其中，雕塑和装置艺术等元素可以成为独特而引人注目的公共艺术装置，为城市增添独特的文化底蕴。在设计过程中，设计师需要综合考虑周围环境、城市氛围以及市民的审美需求，以打造具有地标性的公共艺术设施。

首先，艺术性的造型设计是公共艺术设施设计的核心。通过雕塑和装置艺术的巧妙设计，可以在城市空间中创造出独特的形态，吸引市民的目光。艺术性的造型不仅能够使公共艺术设施成为城市的亮点，还为市民提供了欣赏和思考的空间。通过形态的独特性，公共艺术设施能够成为城市的标志性建筑，为城市增色不少。

其次，色彩设计在公共艺术设施的艺术性表达中起到至关重要的作用。通过选择丰富而协调的色彩，设计师可以赋予公共艺术装置更多的生命力和活力。色彩的运用可以表达不同的情感和主题，丰富市民的文化体验。此外，色彩的协调性也能够使公共艺术设施更好地融入城市的整体环境，形成和谐的视觉效果。

最后，材质的选择对公共艺术设施的艺术性有着直接的影响。不同的材质赋予公共艺术设施不同的质感和表达方式。例如，金属材质可以呈现现代感和科技感，石材材质则常常具有稳重感和传统感。设计师需要根据公共艺术设施的定位和城市的特点选择适宜的材质，以实现与城市环境的协调与统一。

在整个设计过程中，设计师需要考虑周围环境，了解城市氛围及市民的审美需求。公共艺术设施的设计应当是与城市紧密相连的，要与周边建筑、自然环境相协调，以形成统一的城市空间。此外，公共艺术设施还应当具有与社会、文化、历史等方面的联系，使其不仅仅是单纯的艺术品，更能够反映城市的多元性和独特性。

2.实用性与安全性的考虑

在公共艺术设施的设计中，尽管注重艺术性，但必须兼顾实用性和安全性，以确保设施在城市空间中的合理运用。这一平衡考虑的方向包括雕塑、座椅和休息区等方面，其中艺术元素与实用性的融合将使公共艺术设施更符合城市居民的实际需求，提升其使用价值。

首先，在城市广场设置雕塑时，必须考虑市民的触碰和互动，以确保不会带来安全隐患。雕塑的材质、高度和形态都需要经过精心设计，以防止不必要的意外发生。在追求艺术性的同时，雕塑的结构和稳定性必须得到重视，以防止倾倒或崩塌，保障市民的安全。

其次，座椅和休息区的设计要符合人体工程学，以保证市民在使用时的舒适度。座椅的高度、坡度、材质等都需考虑到人体的自然姿势和舒适感，使市民能够更好地休息和放松。此外，座椅的布局也需考虑周围环境，使其既符合美学要求，又不妨碍行人和其他使用者的通行。

在整个设计过程中，要强调实用性与艺术性的有机融合。例如，可以将座椅设计成独特的造型，既满足人体工程学的要求，又具有艺术性，为城市增色。同时，还可在休息区域设置艺术装置，使这些区域不仅仅是功能性的场所，更成为城市中的艺术品，提升市民的文化体验。另外，实用性也包含了对设施的易维护性和耐久性的考虑。公共艺术设施的材质应该能够抵御恶劣天气和日常使用带来的磨损，减少城市维护的负担。这样一来，艺术设施不仅在短期内能够发挥其美学功能，还能够在长期内为城市居民提供实用价值。

3.与周围环境的协调与融合

公共艺术设施的设计必须与周围环境协调融合，以确保其与城市景观的和谐一致。在设计过程中，色彩的搭配、形状的选择以及艺术元素的风格都是关键因素，它们需要与周边建筑和自然环境相呼应，以避免产生冲突。通过与城市规划的协调，公共艺术设施能够更好地融入城市空间，成为城市发展的一部分，而非孤立存在。

首先，色彩的搭配在公共艺术设施的设计中起着至关重要的作用。设计师需要考虑周围建筑的色调和城市的整体调性，使艺术设施的色彩与周边环境协调一致。通过合理运用色彩，可以使公共艺术设施既突出个性，又不脱离整体城市风貌，实现色彩的和谐统一。

其次，形状的选择也需要与周围环境相协调。艺术元素的形状应与周围建筑和自然景观相契合，使其在空间中融洽而自然地存在。形状的选择不仅需要考虑艺术性，还需要考虑与周围环境的比例和整体结构的协调，以确保艺术设施既独特又与周围环境和睦共存。

艺术元素的风格也应该与周围环境相互呼应，以实现整体的和谐感。如果周围建筑以现代风格为主，公共艺术设施的风格可以选择现代、抽象等符合潮流的元素，以保持一致性；相反，如果周围环境更注重传统文化，艺术元素可以融入传统的艺术风格，使其更加贴近当地文化氛围。

通过与城市规划的协调，公共艺术设施可以更好地融入城市空间。这包括考虑设施的布局、分布和数量等方面，使其与城市发展的整体方向相契合。协调规划还能确保公共艺术设施在城市空间中不显得突兀，而是有机地融为一体，为城市居民创造宜人的文化环境。

在设计公共艺术设施时，注重与周围环境的协调与融合，不仅能够提升城市空间的美感，还能够促进城市的文化发展。这样的设计理念不仅使公共艺术设施成为城市的亮点，还使其与城市共同成长，为居民带来更丰富的文化体验。

第二节　商业空间设计的趋势与挑战

一、商业空间设计的新趋势

（一）可持续性与环保

1. 绿色建筑材料的应用

商业空间设计的新趋势之一是强调可持续性和环保，而绿色建筑材料的应用成为设计领域中备受关注的议题。设计师在商业空间设计中越来越倾向于选择绿色建筑材料，这一趋势旨在减少对自然资源的过度依赖，同时符合社会对环保的不断增强的关切。绿色建筑材料的引入不仅在建筑结构上带来创新，还在室内装饰中展现了更多的可能性。

首先，绿色建筑材料的应用体现在对环境友好的选择上。这包括但不限于可再生资源的使用，例如木材、竹材等，以及回收材料的再利用。通过选择这些材料，设计师能够减缓对森林等自然资源的过度开发，实现对生态系统的保护，推动建筑业的可持续发展。

其次，绿色建筑材料的应用在建筑结构和外观设计上带来了新的可能性。例如，可再生材料的运用不仅降低了碳足迹，还为建筑赋予了更加自然的外观和质感。设计师可以巧妙地融入环保材料，创造出独特而富有创意的建筑形态，使商业空间在环保的同时展现出独特的设计品位。

最后，绿色建筑材料的应用在室内装饰中也发挥了积极作用。采用低挥发性有机化合物（LVOCs）的涂料和胶水，有助于改善室内空气质量，减少有害气体的释放，为商业空间创造一个更加健康和宜居的环境。同时，可持续性的地板材料、环保的家具选择等方面也在室内设计中得到了广泛应用，为用户提供了更为舒适和可持续的使用体验。

2.能源效率与自然光的利用

商业空间设计在追求可持续性的新趋势中，着重提高能源效率，并积极利用自然光，以减少对传统能源的依赖。这一趋势在设计中引入了更多关于照明和能源的考量，通过合理的窗户设计和采光系统，最大限度地减少对人工照明的需求。这既对环境友好，也为商业空间创造了更加舒适的工作和购物环境。

首先，能源效率的提高是商业空间设计的首要目标之一。采用先进的节能技术和设备，如LED照明、智能照明控制系统等，有助于降低能源消耗。此外，建筑外墙的保温设计和高效的空调系统也是提高能源效率的重要手段。通过整合这些技术和设备，商业空间能够在提供良好体验的同时，最大限度地减少对能源资源的浪费。

其次，商业空间设计越来越注重自然光的利用。合理的窗户设计和采光系统能够将自然光引入室内，降低对人工照明的依赖。这不仅为商业空间创造了更加自然明亮的环境，还提高了员工和顾客的舒适感。通过最大化地利用自然光，商业空间可以在白天减少照明能源的使用，进一步降低能源成本，实现可持续的经营管理。

最后，商业空间设计中还涌现出一些创新的设计理念，如光管天窗、光导纤维等技术的应用，通过这些技术，自然光可以更均匀地分布在整个室内，使空间更加明亮、宜人。这些创新的设计理念为商业空间注入了更多的科技感和现代感，同时提升了空间的独特性和品质。

（二）数字化与科技整合

1.虚拟和增强现实的应用

随着科技的迅猛发展，商业空间设计正积极融合数字技术，其中虚拟和增强现实技术的应用成为引领新潮流的关键因素。这些数字技术不仅提高了消费者的购物体验，还为商家提供了更多的营销手段，使商业空间更具互动性和吸引力。

首先，虚拟试衣间是虚拟现实技术在商业空间设计中的一大亮点。通过虚拟现实眼镜或应用程序，消费者可以在不实际穿衣的情况下体验不同服装的效果。这种技术的引入为顾客提供了更便捷、个性化的购物体验，同时节省了试衣的时间，且减少了试衣的不适感。商家通过虚拟试衣间还能够收集顾客的数据，了解他们的购物偏好，为精准营销提供了有力支持。

其次，增强现实技术在商业空间中的应用也逐渐成为一种创新的体验。例如，通过AR导览，商家可以为顾客提供更加生动、信息丰富的导览体验。顾客可以通过手机或AR眼镜查看商品信息、促销活动等，使购物更富有趣味性。这种互动性的设计不仅提高了顾客的参与度，还加强了顾客对品牌的记忆和认知，为品牌营销带来了全新的可能性。

最后，虚拟和增强现实技术还可以应用于商业空间的展示和陈列。通过虚拟展览或AR互动展示，商家可以创造出更具创意和沉浸感的展示场景，吸引顾客的注意力。这种数字化的展示方式不仅提升了商品的陈列效果，还为商家提供了动态更新和个性化展示的机会。

2.智能化的商业空间

智能化成为商业空间设计的显著趋势，其应用范围涵盖了智能家居系统、人脸识别技术等领域，极大地提升了空间的安全性和效率。这一趋势的推动不仅改善了商业环境的运营方式，还为商家提供了更多的数据收集和分析工具，从而实现更精准的市场分析和用户行为预测。

首先，智能家居系统在商业空间中的应用得到了广泛推广。商业场采用的智能灯光、温控、音响等系统，通过互联网连接，使得商业空间更加智能化和自动化。这种系统可以根据环境和人流量的变化，自动调整灯光亮度、温度等，提供更舒适的环境。同时，商家还可以通过智能家居系统实现对设备的远程监控和控制，提高了设备的管理效率。

其次，人脸识别技术在商业空间中的广泛应用也为空间安全性提供了新的保障。商业空间可以利用人脸识别技术进行身份验证，进一步强化对入口区域的访问控制。这项技术不仅提高了商业空间的安全性，还简化了顾客的入场流程，提升了整体服务效率。此外，通过人脸识别技术还能够收集顾客的人流数据，为商家提供更详细的顾客行为分析。

最后，智能化系统对数据的收集和分析起到了重要的作用。商业空间通过智能化设备收集大量的顾客数据，包括购物行为、停留时间、热门区域等。这些数据经过分析可以揭示顾客的偏好和行为模式，为商家提供更精准的市场分析。基于这些数据，商家可以制定更有针对性的营销策略，优化商品陈列和空间布局，提升用户体验。

二、设计中的挑战与解决方案

（一）可持续性与环保的挑战

1. 绿色建筑材料的成本

使用绿色建筑材料可能面临较高的成本，这是商业空间设计中的一个挑战。解决方案包括寻找更具经济效益的可持续材料，以及推动产业链上下游的协同发展，降低绿色建筑材料的生产和应用成本。

2. 能源效率的平衡

提高能源效率需要在设计中平衡自然光的利用和节能设备的应用。设计师需要仔细权衡各种因素，确保在追求环保的同时，商业空间的舒适性和功能性不受影响。

（二）数字化与科技整合的挑战

1. 技术快速的更新

数字技术的快速更新可能导致商业空间设计在引入新技术后很快过时。解决方案包括设计中预留可升级的空间，以及与技术供应商建立长期合作关系，及时获取最新的技术支持。

2. 隐私和安全问题

数字技术的广泛应用带来了用户隐私和数据安全的担忧。商业空间设计需要在整合科技的同时，加强安全措施，保障用户的隐私权。此外，透明的数据收集和使用政策也是缓解用户担忧的有效途径。

第三节　住宅区域设计的社会影响与文化考量

一、住宅区域设计对社会的影响

（一）社会互动与社区建设

1. 公园、广场和社区中心的规划

在住宅区域设计中，公园、广场和社区中心的规划至关重要，它们不仅是空间布局的一部分，还是社会互动和社区建设的核心组成部分。

公园作为住宅区域的绿色空间，不仅提供了居民休闲娱乐的场所，还促进了人与自然的互动。设计师可以通过巧妙的景观布局、植物配置和户外设施的设置，打造出具有自然美感的公园环境。合理规划儿童游乐区、老年人休闲区等功能区域，考虑到不同年龄层的需求，使公园成为居民放松身心、锻炼身体的理想场所。

广场在住宅区域中扮演着人们聚集的中心角色。其设计应注重开放性和多功能性，成为社区居民交流、互动的平台。广场的规划可包括开阔的活动场地、座椅休息区、文化艺术装置等元素，以创造一个宜人的社交环境。此外，广场的位置和布局也需要考虑交通便捷性，方便居民出行。

社区中心是组织社区活动，开展文化、教育等功能的重要场所。其规划要考虑到服务社区全体居民的需求，包括多功能的活动室、图书馆、学习区域等。社区中心的设计应具有灵活性，以适应不同类型的社区活动。同时，社区中心也可以是文化传承的载体，展示当地特色和历史文化，弘扬社区精神。

这三者的规划需要综合考虑，以形成一个有机的整体。例如，通过将公园与广场相邻，促使居民在自然环境和社交空间之间流动。社区中心的位置也可以与这两者相协调，形成一个社区生活的中心枢纽。总体来说，公园、广场和社区中心的规划不仅仅是空间布局的问题，更是社区建设和居民生活质量的关键因素。通过精心设计，这些空间将成为社区居民共同体验、分享和参与的场所，为整个住宅区域注入活力和凝聚力。

2. 创造社区性的活动场所

在住宅区域的规划中，设计师应当精心考虑创造社区性的活动场所，旨在培养邻里关系，建立更为紧密的社区社会网络。这种社区性活动场所的设计需要涵盖多个方面，以满足居民的不同需求，促使社区成员更加融洽地相处。

其中，户外音乐广场作为一个具有吸引力的社区性活动场所，可以成为邻里聚会和文化交流的理想场地。设计师可以通过合理的布局、舞台设置和座位安排，创造一个适合举办音乐演出、社区活动和艺术展览的开放性场所。音乐广场不仅提供了娱乐活动的场地，还促进了居民之间的互动与交流。

多功能运动场地是另一个有益于社区活动的设计元素。这种场地可以包括篮球场、网球场、足球场等，以满足不同居民的运动需求。通过提供多样性的运动设施，设计师可以创造一个鼓励居民锻炼和参与体育活动的社区环境，同时也为邻里间建立友好关系提供了契机。

开放式的社区活动中心是一个集结社区成员的场所，可以举办各种社区活动、培训课程和文化节庆。设计师在规划社区活动中心时，需要考虑到灵活的空间布局，以适应不同类型的活动。合理设置多功能厅、会议室、图书馆等区域，使社区活动中心成为邻里互动和文化交流的中心地带。

这些社区性活动场所的设计不仅仅关注功能性，更注重营造一种社区共享的氛围。通过精心规划，设计师可以打造一个具有社交、文化和娱乐功能的多元社区，促进邻里之间的相互了解和合作。

（二）社会包容性与多样性

1.考虑不同年龄、文化和经济层次

住宅区域设计的关键之一是考虑社会的包容性，致力于创造一个适应不同年龄、文化和经济层次的居民环境。设计师在规划过程中需要充分考虑多元化的需求，以确保住宅区域能够容纳并满足社会的多样性。

首先，设计师应通过多功能性的公共设施来满足不同年龄群体的需求。为了创造一个全面的社区环境，住宅区域中应包括儿童游乐区、老年人活动中心等设施。儿童游乐区的设计要考虑儿童的年龄特征和游戏需求，通过巧妙的景观元素和艺术装置，创造出富有创意和趣味性的游乐空间。同时，老年人活动中心的规划应充分考虑老年人的生活习惯和健康需求，提供适合他们参与的各种活动。

其次，通勤便捷的交通规划是促进多样化社会群体在住宅区域融合的重要因素。设计师应该考虑到不同居民的出行需求，通过合理的交通布局和便捷的交通工具，使得不同年龄、文化和经济层次的居民能够方便地互相访问、交流和参与社区活动。这种通勤便捷性有助于打破社会群体之间的空间限制，促进社区内外

的多元互动。

通过这些设计举措，住宅区域能够更好地满足社会的多样性需求，创造一个包容性的社区环境。这种设计理念不仅有助于居民之间的相互了解和交流，还有助于形成一个更加和谐、健康和具有社会凝聚力的住宅社区。

2. 多功能性的公共设施

在住宅区域设计中，为了提高社区的多样性和服务水平，设计师可以巧妙地设置多功能性的公共设施，以满足不同文化和经济层次居民的需求。这一举措不仅有助于提升社区的整体品质，还能够促进社区成员之间的相互联系和合作。

首先，文化艺术中心的引入为社区居民提供了参与文化活动和艺术体验的机会。设计师可以规划一个集文化展览、表演和培训于一体的文化艺术中心，为社区居民提供展示才华、学习新技能以及参与各种文化活动的场所。这样的中心不仅可以满足不同文化背景居民的审美需求，还能够促进社区内部的文化交流。

其次，图书馆的设置可以为社区提供知识学习和娱乐休闲的空间。设计师可以考虑打造一个集阅读、学习和社交功能于一体的现代图书馆，吸引不同年龄层次的居民前来阅读和交流。图书馆的存在不仅为居民提供了获取信息和知识的场所，同时也增强了社区内部的学习氛围。

最后，健身房等健康设施的引入有助于提高社区居民的生活质量。设计师可以规划一个设备齐全的健身房，以满足不同年龄层次的居民的健身需求。这样的设施可以激发社区居民关注健康的意识，促进大家养成良好的生活习惯，从而提升社区的整体健康水平。

（三）健康与幸福

1. 绿化环境的营造

在住宅区域设计中，通过良好的绿化规划和植被配置，设计师能够创造出宜人的自然环境，为居民提供休闲娱乐的场所，从而促使居民更积极地参与户外活动，对身心健康产生积极影响。

首先，绿化环境的营造包括精心规划的公园和绿地。设计师可以合理布局各类植被，包括花草树木等，以打造出宜人的景观。在公园中设置休闲区、散步道、椅子等设施，为居民提供休息和娱乐的空间。这样的环境不仅美化了住宅区域，还为居民创造了亲近自然的场所。

其次，绿道系统的建设也是绿化环境的重要组成部分。设计师可以规划和设计连接整个住宅区域的绿道网络，使其贯穿公园、居民区和商业区等不同功能区域。这有助于提供方便的步行和自行车通道，为居民提供了更多的户外活动选择。绿道不仅具有交通功能，还能为居民提供更多的自然亲近体验。

最后，植物配置的巧妙选择和布局也是绿化环境设计的重要考虑因素。通过引入不同种类的植物，包括具有观赏价值的花卉、乔木和灌木，设计师可以打造具有丰富层次感和季节变化的景观效果。植物的选择应当考虑到生态平衡和四季景色的变迁，使住宅区域在不同时间呈现出各具特色的美。

2. 运动设施的设置

在住宅区域设计中，运动设施的设置是至关重要的因素。通过合理规划的健身路径、运动场地和健身设备，设计师能够激发居民积极参与体育活动，从而改善身体状况，减轻生活压力，进而提升社会整体的健康与幸福。

首先，健身路径的规划是提供户外活动的重要手段。在住宅区域中设置合理的步道、跑道和骑行道，为居民提供便捷的健身通道。这些路径不仅可以连接各个区域，还为居民提供了户外锻炼的机会。在设计时，考虑到路径的美观性和舒适性，使居民在锻炼的同时能够享受自然环境。

其次，运动场地的规划是提供多元化运动选择的重要组成部分。设计师可以在住宅区域内设置多功能的运动场地，包括篮球场、足球场、乒乓球桌等，以满足不同居民的运动需求。这样的场地既可以丰富居民的业余生活，也可以促进社区居民之间的互动与交流。

最后，健身设备的合理设置也是提升社区健康水平的关键。在公共空间内设置适用于各年龄层次居民的健身器材，如引体向上器、仰卧起坐器等，为居民提供便利的健身工具。这样的设计不仅有助于改善居民的身体状况，还能够提高社区整体的健康水平。

二、文化因素在住宅设计中的考量

（一）文化认同与建筑风格

1. 当地文化特征的融入

在住宅设计中，当地文化特征的融入是至关重要的，特别是在建筑风格方面。设计师在规划住宅区域时应深入了解当地的文化元素，以确保建筑风格与居民的文化认同相符。这一融入不仅涵盖建筑的外观，还包括室内布局，旨在创造出具有独特文化特色的住宅空间。

首先，建筑的外观设计是展现文化特征的重要方面。例如，在东亚文化中，可以考虑引入传统的庭院设计，体现出对自然和谐的追求。这样的设计元素不仅在建筑外观上具有美学价值，还能够传递文化认同感，让居民在日常生活中感受到文化的渗透。

其次，室内布局的考虑也是文化融入的关键。在不同文化中，对家庭空间的利用和布置存在差异。设计师可以通过家具的选择、空间分隔和装饰品的运用，使室内空间体现出当地文化的独特魅力。比如，在欧洲文化中，可能更注重对历史建筑风格的保留，通过古老的家具和装饰品展现出浓厚的历史文化底蕴。

通过将当地文化元素巧妙地融入住宅设计中，设计师可以打造出更具个性和独特性的居住环境，让居民在日常生活中感受到文化传承的价值。这不仅有助于增进居民的文化认同感，还能够提升整个社区的凝聚力和社会稳定性。

2. 建筑风格的演变与融合

建筑风格的演变与融合是现代住宅设计中至关重要的方面。在考虑文化认同时，设计师应关注传统元素的保留，并同时思考如何将传统与现代相结合，实现建筑风格的演变与融合。这样的设计理念旨在在保持文化传承的同时，充分利用当代建筑技术和理念，创造出独特且具有时代感的建筑风格。

首先，建筑风格的演变体现在设计师对传统元素进行重新解读和演绎的过程中。通过对传统建筑风格的深入研究，设计师可以挖掘其中的文化内涵，并在设计中赋予现代诠释。例如，传统的屋檐、雕刻、窗棂等元素可以在现代建筑中得到重新演绎，注入新的设计理念，体现时代的审美追求。

其次，融合传统与现代是现代住宅设计的一个关键特点。设计师在创作中可以巧妙地将传统文化元素与现代建筑形式相融合，创造出更具独创性和现代感的建筑风格。这种融合不仅使建筑在外观上既保留传统韵味又符合当代审美，同时也能够满足居民对于现代生活方式的需求。

在整个设计过程中，设计师需要综合考虑建筑的功能性、实用性和文化符号的表达，以实现建筑风格的有机演变与融合。这种演变与融合不仅是对传统文化的尊重，而且是对当代社会多元化的回应。通过将传统元素与现代设计相结合，设计师可以打破传统与现代的二元对立，创造出更具包容性和开放性的住宅空间。这样的设计理念既传承了文化的精髓，又满足了现代社会多元化的需求，为建筑风格的发展提供了新的思路和可能性。

（二）社会习惯与生活方式

1. 多代同堂的居住方式

多代同堂的居住方式是不同文化社会习惯和生活方式的一种显著体现，对住宅区域的设计提出了独特的需求。设计师在考虑多代同堂的居住方式时，应当根据当地文化的社会习惯，提供相应的居住选择和合理的空间规划，以满足家庭的多元需求。

首先，多代同堂的居住方式强调家庭成员之间的紧密关系和相互支持。在住宅设计中，设计师可以通过提供更多的共享空间，如宽敞的客厅、开放式的厨房和共用的休闲区域，来促进家庭成员之间的交流和互动。这有助于增强家庭凝聚力，营造温馨的家庭氛围。

其次，对于多代同堂的家庭，住宅设计需要考虑到不同年龄群体的需求。例如，为了照顾老年家庭成员，设计师可以合理设置无障碍设施、便捷的楼梯或电梯等，以确保老年人的居住便利和安全。同时，对于年幼的家庭成员，可能需要设计相对私密的休息和玩耍区域，以满足儿童的成长需求。

在空间规划上，设计师可以采用灵活的布局方式，使得住宅既有共享的开放空间，又能够提供一定程度的私密性。通过划分不同功能区域，满足家庭成员的个性化需求，设计师可以创造出既符合文化传统又适应现代生活的多代同堂居住环境。

2. 独立居住的空间规划

一些文化更注重独立居住的生活方式，这对住宅设计提出了特殊的要求，需要更加注重私密性和独立性。在这样的文化背景下，合理规划的私人空间和公共空间显得尤为重要，以满足居民对独立生活的需求，提高住宅的适应性。

首先，设计师可以通过精心布局来实现私人空间的有效规划。在住宅设计中，可以设置独立的卧室、私人浴室和休息区，确保居民拥有相对隐私的个人生活空间。考虑到独立居住的生活方式，这些私人空间的设计应注重实用性和舒适性，以满足居民的日常生活需求。

其次，公共空间的设计也需要注重开放性和灵活性。在独立居住的文化中，公共空间不仅是邻里之间的交流场所，更是展示个人品位和生活方式的区域。设计师可以通过开放式的客厅、餐厅和厨房设计，营造出充满活力和自由度的社交环境，使居民能够在不同场合自由选择参与社交活动。

最后，独立居住的文化往往强调个体的独立性和自主性，因此在住宅设计中可以考虑加入一些灵活的空间元素，如可移动的隔断、折叠式家具等，以便居民根据个人需求自由调整和利用空间。

（三）文化活动与社区参与

1. 文化活动场所的规划

文化因素也包括为居民提供文化活动和社区参与的机会。文化中心、艺术展览和社区活动场所的合理规划，可以促使社区更加丰富多彩，激发居民参与社区文化活动的兴趣。例如，在住宅区域中设置文化中心，举办传统庆典和文艺演出，为居民提供共享文化体验的平台。

2. 社区文化活动的多样性

设计师还应考虑社区文化活动的多样性。通过规划各类文艺活动场所，如小剧场、画廊等，能够满足不同居民群体的文化需求，促进社区文化活动的多元发展。

（四）可持续性与传统知识

1. 传统建筑技术的传承

住宅区域设计需要考虑当地的可持续性和传统知识。融入传统建筑技术，如独特的建筑结构和材料，不仅能够保护当地的文化传统，还有助于提高建筑的环保性和可持续性。

2. 可再生能源利用与生态保护

可再生能源的利用是住宅区域设计中考虑的重要因素。设计师可以整合太阳能、风能等可再生能源，减少对传统能源的依赖。这不仅有助于降低能源消耗，还能减少对环境的影响，实现住宅区域的可持续发展。通过合理规划屋顶太阳能板和风力发电设施，住宅区域可以更好地满足居民的能源需求。

3. 生态环境与自然资源

生态环境和自然资源也是文化因素在住宅区域设计中的考虑之一。通过保护当地的自然资源，如水源、植被等，设计师可以在住宅区域打造更健康、宜居的环境。合理规划公共绿地、植被带等，不仅可以改善空气质量，还有助于提高居民的生活品质。

第六章　现代环境艺术与社会发展

第一节　环境艺术设计在社会发展中的作用

一、环境艺术在社会发展中的积极作用

（一）社会观念的表达与强调

1. 艺术作品的社会观念传递

环境艺术被视为社会变革的重要组成部分，独特的表达方式使其成为社会观念的有力表达者。艺术作品通过形式、符号和意象传递社会价值观，引导公众对社会问题进行深思和行动。这种表达力不仅仅停留在艺术的领域，更是社会变革思潮的引领媒介。

2. 社会观念的强调与深化

艺术作品不仅传递社会观念，还通过强调特定观念来深化对社会问题的认知。通过艺术家对社会问题的独立诠释，环境艺术能够将特定观念通过艺术语言深刻地嵌入公众的思维中，推动社会观念的进一步发展。

（二）塑造社会氛围与引发关注

1. 创意设计的社会氛围塑造

环境艺术在塑造社会氛围方面发挥着关键作用。通过创意设计与表达，艺术家能够以独特的方式激发人们对社会问题的关注。通过艺术作品所创造的独特氛围，社会得以更加深刻地体验和思考，从而引发对变革的共鸣与响应。

2. 对环境美化与塑造的思考

艺术家通过对环境的美化与塑造，创造出能够引发深刻思考的场景。这不仅仅是美的呈现，更是通过艺术创作对社会问题的审视。艺术作品成为社会变革的催化剂，推动人们对社会现状的深刻关注。

（三）社会互动与合作的平台

1. 创意项目的社会参与

环境艺术不仅仅是观赏的对象，更是社会互动与合作的平台。通过创意项目的实施，艺术家、设计师和社区能够共同参与社会变革的过程。这种参与不仅强化了社会共识，还实现了社会变革的联合努力。

2. 多元化的参与方式推动社会整体发展

创意项目的实施为社会变革提供了多元化的参与方式，推动了社会的整体发展。艺术家与设计师的参与使得变革不再是单一的路径，而是通过多方面的互动与合作实现，促进了社会在各个层面的进步。

二、设计对社会发展的响应

（一）创新性解决方案的提出

1. 设计师的积极参与

设计不仅仅是一种艺术表达，更是社会变革的积极参与者。设计师具有对社会问题的敏感性和创造性，能够迅速响应并提出创新性的解决方案。在环境问题方面，设计师通过对可持续设计原则的深刻理解，能够提出符合生态平衡和环保理念的设计方案，为社会实现可持续发展提供关键支持。

2. 设计的创新性思维

创新性解决方案的提出离不开设计中的创新性思维。设计师通过深入研究社会问题，运用创新性的思考方式，挑战传统观念，寻找更有效、可行的解决途径。这种思维方式不仅在具体项目中有所体现，还在引领社会变革方向中发挥着积极作用。

（二）社会发展的引导作用

1. 设计的理念引导

设计在社会发展中具有引导作用，其理念成为推动社会观念发展的催化剂。通过设计的理念、形式和实践，设计师能够引导社会对于价值观念的重新审视和重构。设计的思维方式有助于引领社会思潮的变迁，推动社会朝着更加开放、包容和创新的方向发展。

2. 设计对社会发展的积极影响

设计作为一种综合性的活动，能够在形式、结构、功能等方面对社会变革产生积极影响。通过设计的引导作用，社会得以更全面、深刻地认知问题，并在设计的实践中找到解决问题的路径。这种积极影响在长期的设计实践中逐渐显现，为社会的可持续发展提供了有力的支持。

（三）社会发展的反馈者

1. 反映社会现状的设计作品

设计作为社会发展的反馈者，能够通过反映社会现状的设计作品引起社会对问题的关注。设计师通过作品传达对社会问题的关切，将问题呈现给公众，从而引发深度思考和行动。这种反馈作用使设计成为社会问题的传播媒介，推动社会对问题的认知。

2. 设计作品的催化剂作用

设计作品的展示和传播成为社会对问题认知与改进的催化剂。通过设计作品反映的信息，社会能够更清晰地了解问题的本质，进而推动改革与创新。设计作品在媒体、展览等平台的传播成为社会变革的助推器，推动社会朝着更加可持续和公正的方向发展。

第二节 文化多样性与环境设计

一、文化多样性对设计的丰富性

（一）文化元素的融合与创造力

1. 融合形式与艺术表达

文化多样性为环境设计注入了独特的创造力，其中最引人注目的是不同文化元素的融合。在设计的过程中，艺术家将来自不同文化的艺术元素、符号和价值观相互融合，从而创造出独具特色的环境艺术作品。这种融合并非仅仅是形式上的交汇，更是对各种文化表达方式的灵活运用，使得设计作品呈现出独特而多元的视觉语言。

在环境设计中，艺术家通过深入研究不同文化的艺术传统，能够巧妙地将这些元素融入设计中，形成一种新的艺术形式。艺术家可能会将来自东方的传统符号与西方的现代元素相结合，创造出充满张力和对话的艺术品。这种跨文化的艺术融合不仅仅是简单地将元素摆放在一起，更是一种有机的、深层次的整合，使得设计作品展现出丰富而独特的内涵。

符号在文化融合中起到关键的作用，它们不仅仅是一种装饰性的元素，更是对文化认同和传统的象征。通过将不同文化的符号巧妙地交织在一起，艺术家能够创造出富有层次感和丰富内涵的设计。这种符号的融合使得观众能够在作品中感受到多元文化的碰撞和交流，激发对文化多样性的深刻思考。

最后，不同文化的价值观在设计中的融合也是至关重要的。艺术家通过对不同文化背后的核心价值进行挖掘，并将其融入设计中，创造出具有深度和情感共鸣的作品。这种价值观的融合不仅仅丰富了设计作品的内涵，还能够引导观众对文化多样性的深层思考。

2.创意性的文化交融

文化多样性在设计中不仅仅是一种创造力的源泉，更为创意性的文化交融提供了广阔的空间。设计师通过深入研究不同文化的特色和传统，能够巧妙地将这些元素有机地融入设计中，创造出新颖而独特的作品。这种文化的创意性交融不仅满足了观众的审美需求，同时也为设计师本身提供了不断挑战和超越传统的机会。

在创意性的文化交融中，设计师不仅仅是简单地将不同文化的元素摆放在一起，更是通过深入思考和巧妙运用，创造出能够引发观众思考和共鸣的设计语言。设计师通过对文化的深刻理解，挖掘其中的共同点和互补之处，形成一种新的创意表达方式。这种文化交融的创意性使得设计作品更富有内涵和深度。

文化交融的创意性表现在对文化元素的重新解读和再创造上。设计师可能会将传统文化符号赋予新的意义，将其置于不同的背景中，创造出富有创意和现代感的设计作品。这种重新解读和再创造使得传统文化焕发出新的生命力，同时也为设计注入了前所未有的创新性。

创意性的文化交融不仅是对形式上的创新，还体现在对文化内涵的深层挖掘上。设计师通过挖掘不同文化背后蕴含的思想、哲学和情感，将其融入设计中，使作品更具有丰富的文化内涵。这种深层次的文化交融使得设计作品超越了单一文化的框架，呈现出更为复杂和多维的面貌。

（二）设计的目的与意义的多元体现

1.多元目的的反映

文化多样性在设计中不仅仅体现在形式上，更在设计的目的与意义上展现出了多元性。设计师通过深入理解不同文化，能够更好地捕捉不同社群的需求，从而使设计作品具有更广泛的适用性。这种多元目的的反映标志着设计的发展从过去的单一定向转向了更加开放和包容的态势。

在传统的设计理念中，设计往往是为特定群体或文化定制的，目的明确而狭窄。然而，随着社会的不断变革和全球化的发展，设计师开始意识到文化的多元性对设计目的的重要影响。设计的目的不再局限于满足某一特定群体，而是在尊重和理解多元文化的基础上，为更广泛的受众提供服务和体验。

多元目的的反映使得设计更加注重社会的整体利益和文化的共融。设计师在深入了解不同文化的基础上，能够更好地把握社会的多样性，从而制定更加全面和包容的设计目标。设计不再是一种狭隘的个体表达，而是通过尊重和反映多元文化的特点，更好地满足社会的需求，实现设计作品在更广泛范围内的价值。

最后，多元目的的反映也促使设计师在设计过程中更加注重可持续性和社会责任。设计不再仅仅关注特定群体的短期需求，而是追求在尊重多元文化的同时，实现设计作品的长期可持续发展。这种设计理念的转变使得设计作品更具社会责任感，更能够顺应社会的发展趋势，为人类的未来提供更加可持续的设计解决方案。

2. 内涵丰富的设计作品

文化多样性为设计领域注入了丰富的内涵，使设计作品不再局限于表面的美感呈现。通过深刻反思不同文化，设计师能够在作品中融入更为深刻的寓意和象征，使其具有更加丰富的内涵。这种内涵丰富的设计作品不仅仅是艺术的展示，更是对文化多样性的深度思考与表达。

在文化多样性的设计中，设计师通过对不同文化元素的敏感洞察，创造出充满文化内涵的作品。这可能涉及对文化符号的重新解读，将传统元素赋予新的意义，或者通过对文化背后蕴含的历史、哲学和价值观的挖掘，为设计作品注入更为深层次的思考。这样的设计不仅呈现了艺术的美感，更传达了对文化多样性的理解和尊重。

内涵丰富的设计作品常常在表面之下蕴含着深刻的社会和文化评论。设计师通过作品反映社会现象、表达对社会问题的关切，使观众在欣赏作品的同时能够产生深层次的思考。这种设计作品不仅仅是对美的追求，更是对社会、文化的发声和反思，为观众提供了更为丰富和引人深思的体验。

最后，内涵丰富的设计作品还具有开放性和多义性，允许观众在欣赏过程中赋予作品个人的解读和情感。设计师通过创造出有意模糊的符号、场景或形式，为观众提供了更多参与和共鸣的可能。这样的设计作品超越了单一的文化边界，为不同背景的观众提供了共通的情感和思考空间。

3.文化多样性的社会意义

文化多样性不仅仅在设计领域带来美学上的丰富性，更具有深远的社会意义。设计作品的多元体现能够促使社会更好地理解和尊重彼此的文化差异，从而实现文化之间的和谐共存。设计的目的和意义在这一层面上体现了文化多样性对社会建设的积极影响。

首先，文化多样性通过设计作品的表达和展示，为社会带来了文化的多元体验。设计作品不仅仅局限于某一文化或群体，而是通过融合多元文化元素，呈现出丰富多彩的艺术语言。观众在欣赏设计作品的过程中能够感受到不同文化的独特之处，促使社会对多元文化的理解和欣赏。

其次，文化多样性通过设计作品的传播，推动社会对文化差异的尊重和包容。设计作品作为文化的表达者，通过各种媒介传达不同文化的精髓。这有助于打破文化壁垒，减少误解和偏见，促进社会对多元文化的接纳。设计在这一过程中起到了桥梁的作用，使得不同文化之间的交流更为畅通，为社会创造了更加包容和谐的氛围。

最后，文化多样性通过设计作品的启发，激发了社会对文化创新和深度思考的热情。设计师通过对多元文化的深入探索和融合，创造出富有创意和前瞻性的作品。这种创新不仅仅局限于艺术领域，更对社会的其他方面产生积极的影响，推动社会走向更加开放、包容和进步之路。

二、设计中的文化多元融合

（一）跨文化思考与创作

1.设计师在跨文化背景下的思考

环境设计的复杂性使得设计师在跨文化的背景下进行深思熟虑的创作变得至关重要。这超越了简单的设计技巧运用，更需要设计师具备深入理解不同文化的能力。在跨文化的思考过程中，设计师必须深入了解不同文化的审美观念、历史背景和生活方式，以确保设计作品能够更好地适应和融入不同文化的环境。

跨文化思考使得设计师能够超越地域和文化的局限，将不同文化的精髓融入设计作品中，创造出富有深度和广度的设计。这要求设计师具备开放的心态，能够敏感地捕捉到各种文化元素，并将其有机地融合在设计中。通过对文化的深入挖掘和理解，设计师能够呈现出更为丰富和有深度的设计语言。

在跨文化背景下的思考还要求设计师注重文化的细微差异，而不是仅仅停留在对表面层面的了解上。设计师需要关注文化的隐含层面，深入理解文化所蕴含的价值观念、符号体系和象征意义。这种深度的理解能够使设计作品更为细腻地反映不同文化的独特之处，避免对文化的误读和简化。

在跨文化思考的过程中，设计师还需要考虑到文化之间的相互影响和交流。文化并非孤立存在的，而是在交往和互动中不断演化。设计师通过考虑文化之间的互动，可以创造出更具包容性和融合性的设计作品，促进文化之间的良性互动。

2.文化理解与创意输出

在跨文化思考的过程中，设计师的任务不仅仅是理解，更是将这些理解转化为创意的输出。通过对不同文化的深入了解，设计师能够挖掘文化中的独特元素，将其有机地融入设计中，从而创造出富有创意和个性的作品。这种文化元素的有机融合不仅使设计更具独特性，还为观众提供了一种全新的审美体验。

设计师通过文化理解将不同文化的精髓纳入设计过程，不仅仅是简单地引用，更是以创意的方式重新演绎和表达。通过对文化元素的深刻挖掘和理解，设计师能够发现其中蕴含的独特符号、意象和价值观，并将其融入设计中，创造出独一无二的艺术作品。这种文化理解与创意输出的过程不仅是对文化的传承，更是对文化的创新和发展的贡献。

文化元素的有机融合使得设计作品更具个性化和深度。设计师不仅关注表面的文化符号，更注重挖掘文化背后的故事和精神内涵。通过对文化的深层次理解，设计师能够更加巧妙地运用文化元素，使设计作品在形式和内涵上都呈现出独特的魅力。观众在欣赏设计作品的同时，能够感受到文化的深度和广度，产生更为深刻的情感共鸣。

（二）设计师的跨文化交流能力

1.多方面跨文化交流的要求

设计中的文化多元融合对设计师提出了广泛的跨文化交流要求。这涉及语言、符号、传统礼仪多个方面的理解与运用。设计师需要具备对不同文化细微差异的敏感性，以能够通过多样的交流方式与不同文化的人群进行有效沟通。这种全方位的跨文化交流能力是确保设计师更全面地理解并融入不同文化元素的关键。

在语言层面，设计师需要具备足够的语言能力，不仅能够流利地使用设计领域的专业术语，还要能够理解和运用不同文化中的语言表达方式。语言的细微差异可能影响设计中信息的准确传达，因此设计师需要借助语言的力量来打破文化障碍，确保设计作品能够被准确理解。

在符号和传统礼仪方面，设计师需要深入了解各种文化中的符号体系和礼仪规范。不同文化对于符号的解读和使用可能存在差异，而礼仪的遵循是对文化尊重的表现。设计师通过学习和理解这些文化特有的符号和礼仪，可以更好地将其融入设计中，使作品更具文化内涵。

2. 开放心态与尊重不同文化

设计师在跨文化交流中的成功与否，关键取决于其是否具备开放的心态和对不同文化的充分尊重。这种心态是跨文化交流能力的基石，对于建立互相理解和尊重的文化交流关系至关重要。

首先，设计师需要摒弃任何可能存在的偏见。偏见可能导致对其他文化的误解和歧视，阻碍跨文化交流的进行。通过摒弃先入之见，设计师能够更全面地理解和接纳其他文化，避免片面或错误的认知，从而建立更加积极的沟通氛围。

其次，设计师需要以平等和开放的心态对待不同文化。平等意味着将每个文化都视为具有独特价值的平等伙伴，而不是将某一文化置于优越或劣势地位。开放的心态则意味着愿意接受和聆听其他文化的声音，从中学习并汲取灵感。这种心态使得设计师能够更加敏感地理解其他文化的观点和需求，有助于引发跨文化的共鸣。

最重要的是，对不同文化的尊重是跨文化交流的核心。尊重并不仅仅是表面的礼貌，更是深深地理解并重视其他文化的贡献。设计师需要尊重其他文化的独特性、历史传承和发展方向，避免出现对文化的曲解或刻板印象。这种真正的尊重为跨文化交流奠定了坚实的基础，推动了文化之间的互相借鉴和融合。

开放心态和对不同文化的尊重共同构建了一个积极的跨文化工作环境。在这样的环境中，设计团队能够更好地合作，各成员之间能够充分发挥自己的创造力，从而推动设计作品更好地融入多元文化的背景，具有更广泛的影响力。设计师通过培养这种开放心态和尊重文化的品质，不仅提高了自身的跨文化交流能力，还为推动文化多样性的发展贡献了力量。

3. 文化理解与表达的平衡

在跨文化交流中，设计师必须巧妙平衡文化的理解与表达，这是确保设计作品传达对文化的敬意和理解的关键。深入理解不同文化的内涵是设计师进行创作的基础,能够在设计中巧妙地表达这些理解则是设计师表达能力的体现。

首先,设计师需要具备一定的文化修养。这包括对不同文化的历史、价值观、传统习俗等方面的深入了解。通过深入学习,设计师能够更全面地理解其他文化的独特之处,避免片面或错误的认知。文化修养的提升有助于设计师建立起对其他文化的敬意,形成对多元文化的开放心态。

其次,表达能力在跨文化设计中尤为重要。设计师需要运用巧妙的设计语言和形式,将对文化的理解融入作品中,使其能够生动地传达出来。这需要设计师具备跨文化传播的技巧,能够以易于理解的方式呈现文化元素,避免因文化差异导致的误解。表达能力的提升有助于设计师更好地沟通和交流,使设计作品能够打破语言和文化的障碍,触动观者的心灵。

在跨文化设计中,平衡文化理解与表达也需要考虑到文化的敏感性。设计师在表达时要避免过于直接或刻意,以免引起不必要的争议或误解。通过巧妙的表达,设计师能够在呈现文化特征的同时保持尊重和平衡,使作品更具包容性和广泛的接受度。

(三)文化融合的设计表达

1. 清晰表达不同文化的元素

设计中的文化多元融合要求设计师能够在作品中清晰地表达不同文化的元素,这需要巧妙的设计手法和注意细节的处理。清晰表达不同文化的元素不仅有助于观众更好地理解作品,同时也为设计增添了独特的魅力和深度。

首先,设计师可以运用符号和图案来清晰地传达文化元素。不同文化都有其独特的符号和图案,这些元素可以成为设计的重要组成部分。通过巧妙地融合这些符号和图案,设计师能够在作品中清晰地展现不同文化的特色。例如,使用中国传统的汉字或印度特有的图案,通过设计手法将其巧妙地融入作品,使观众能够直观地感受到文化的存在。

其次,颜色也是表达文化元素的重要手段。不同文化对颜色的理解和运用有着独特的传统和象征意义。设计师可以通过选择和搭配特定文化所喜好的颜色,以清晰地传达文化的情感和氛围。例如,在中国文化中红色通常代表繁荣和幸福,设计师可以巧妙地运用红色元素,使作品更贴近中国文化的内涵。

最后,语言元素也是清晰表达文化的关键。设计师可以通过引入文化特有的语言元素,如文字、口号或标语等,使作品更具文化的认同性。在国际化的设计中,设计师还可以巧妙地结合多种语言元素,达到在不同文化中均能理解的效果，从而实现跨文化传播。

2.元素和谐融入整体设计

文化融合的设计表达要求设计师在创作过程中使不同文化的元素和谐地融入整体设计，这涉及设计师高超的技巧和审美观念，以及对不同文化之间的共同之处的敏感把握。元素的和谐融合不仅仅是简单地将各种元素堆砌在一起，更是通过深入思考和巧妙运用设计手法，形成一个统一而富有层次感的整体设计语言。

首先，设计师需要深入理解各个文化元素的内涵和特色，明确它们在文化传统中的象征意义和审美价值。了解不同文化的美学原则和设计理念，找到它们之间的共同之处，为元素的融合奠定基础。例如，通过对比中西方文化，设计师可以发现一些共同的价值观念，如对和谐、平衡、自然的追求，从而在设计中有针对性地融合这些共通元素。

其次，设计师需要善于运用各种设计手法，使不同文化元素在形式和结构上得以协调、和谐。通过巧妙的构图、配色、比例等设计要素的运用，设计师可以调动观众的视觉感知，使元素在整体设计中既有鲜明个性，又呈现出一种协调一致的美感。例如，在建筑设计中，可以通过建筑形状、立面处理等手法来融合不同文化的建筑元素，使建筑在风格上既有独特性，又保持和谐。

最后，设计师需要在整个设计过程中保持对整体效果的把控，确保各个文化元素不仅单独具有表现力，而且在整体上形成一种统一而有序的美感。这需要在细节处理上精益求精，关注元素之间的相互关系，以及它们与整体设计的协调程度。例如，在室内设计中，通过家具、装饰品等细节的精心搭配，使不同文化元素在空间中和谐共存，营造出融合而统一的室内环境。

3.促进社会对文化多元性的感知

文化融合的设计表达在其核心价值中不仅包含对多元文化元素的展示，更在于通过这些作品促进社会对文化多元性的感知。设计作品扮演着文化交流的媒介角色，通过传递深刻的文化内涵，让观众更全面、深入地了解和欣赏不同文化。这种感知的提升有助于消除文化之间的隔阂，推动社会向更加多元共融的方向发展。

设计作品作为文化传播的媒介，通过艺术性的呈现和表达，能够将不同文化的核心价值和独特之处传递给观众。例如，在艺术作品中融入东方和西方文化元素的设计，观众可以通过欣赏这些作品更好地理解不同文化的审美观念、哲学思想等方面的内涵。

这种感知的提升有助于打破文化隔阂，促使社会更加包容和理解不同文化之间的差异。设计作品能够激发观众的兴趣，引导他们主动去了解、学习其他文化，从而形成更加开放的思维方式。通过作品的启发，社会成员在文化交流中变得更加积极主动，形成更加开明和包容的社会氛围。

设计作品还具有引导社会对文化多元性的认同和尊重的作用。通过作品传递的文化信息，观众能够更加深刻地认识到不同文化的独特之处，从而建立对文化多元性的尊重和理解。这种认同感有助于在社会中形成对多元文化的共识，推动社会朝着更加和谐的方向发展。

第三节 艺术与城市发展的关系

一、艺术对城市发展的推动力

（一）提升城市形象与吸引力

1. 城市面貌的更新与吸引游客

艺术的介入，尤其是通过艺术装置、雕塑、壁画等形式，赋予城市全新的面貌，成为引人注目的标志，具有深远的影响力。这种城市面貌的更新不仅是外在的形式改变，更是城市形象的焕然一新，为城市的可持续发展注入了活力。

首先，艺术介入提升了城市的形象。艺术作品的引入赋予城市独特的艺术氛围和特色，使得城市在视觉上焕然一新。艺术装置、雕塑、壁画等作为城市的标志性元素，成为城市形象的亮点，让人们对城市产生深刻的印象。这种形象的提升不仅仅是局部区域，更是整体城市形象的升华，为城市树立了更加积极、开放的形象。

其次，这种艺术介入对游客具有强烈的吸引力。新颖的艺术装置和雕塑成为游客游览城市时的独特景点，吸引了大量游客的注意。游客不仅仅来到城市欣赏其独特的建筑和自然风光，更因为城市文化和艺术元素的吸引而流连忘返。这种吸引力直接促进了旅游业的发展，为城市创造了新的经济增长点。

最后，艺术的引入也成为投资和人才流入的重要因素。城市的文化和艺术氛围成为吸引人才的磁场，各行各业的专业人才更愿意选择在拥有丰富文化底蕴和艺术氛围的城市生活和工作。投资方面，城市形象的提升吸引了更多投资者的眼球，推动了城市经济的繁荣。投资的流入使城市得以更好地发展基础设施和公共服务，形成了良性的经济循环。

2.城市品牌的建设

艺术作为城市的标志性元素，在城市品牌建设中扮演着至关重要的角色。通过独特的艺术元素，城市不仅能够树立自己在文化和创意方面的独特形象，还能够吸引更多关注，从而构建富有魅力和辨识度的城市品牌。

首先，艺术作为城市品牌的关键组成部分，通过其独特性塑造城市的形象。艺术装置、雕塑、壁画等艺术品在城市空间中的引入，使得城市在视觉上展现出与众不同的艺术风采。这些独特的艺术元素成为城市品牌的象征，为城市赋予了独特的文化底蕴和创意氛围，进而形成深刻的品牌印象。

其次，城市通过艺术元素的运用，能够在品牌建设中凸显其文化和创意的特色。艺术作为表达文化的媒介，能够将城市的历史、传统与当代创新相结合，形成独特的文化符号。这些符号成为城市品牌的有机组成部分，使品牌更具深度和内涵，吸引着对城市文化感兴趣的目标群体。

再次，城市通过艺术元素构建的品牌形象，能够吸引更多的关注和媒体报道。媒体对于城市品牌的传播起着关键作用，而独特、引人入胜的艺术元素往往成为媒体报道的焦点。这种曝光度不仅为城市带来了更广泛的认知，同时也为城市品牌树立了积极、前卫的形象。

最后，城市品牌的建设通过艺术元素的运用，能够激发市民的归属感和自豪感。当市民在城市中看到具有独特标识的艺术作品时，往往会产生对城市的认同感，增强对城市品牌的归属感。这种市民的参与感和认同感不仅促进了城市品牌的建设，还为城市的社区凝聚力和文化自信心的提升做出了贡献。

（二）丰富城市居民的文化生活

1.公共艺术空间的营造

公共艺术空间的营造为城市注入了文化活力，通过艺术创作与展示，使城市成为文化的聚集地。这种文化的聚集不仅为居民提供了欣赏和参与的机会，还在提高城市居民的文化素养方面发挥了重要作用。

首先，公共艺术空间的营造通过艺术创作与展示，为城市居民提供了丰富多彩的文化体验。公共艺术作品的多样性，包括雕塑、壁画、艺术装置等形式，丰富了城市的艺术景观。市民可以在这些公共艺术空间中欣赏到来自不同文化、不同风格的艺术作品，这拓宽了他们的艺术视野，提升了他们的文化品位。

其次，公共艺术空间的营造为居民提供了参与的机会，促进了城市居民与艺术的互动。艺术活动、展览和艺术品的设置往往能够引发市民的兴趣和参与欲望。市民可以参与艺术创作、艺术活动，感受艺术的魅力，培养对艺术的兴趣和理解。这种参与式的文化体验不仅让市民更加亲近艺术，还促使他们在日常生活中更主动地寻找和欣赏艺术。

公共艺术空间的营造还有助于城市居民的文化素养提升。文化素养不仅仅是对艺术作品的欣赏，更包括对不同文化的理解和尊重。公共艺术空间中呈现的来自不同文化背景的艺术作品，使居民更加敏感于文化差异，促使他们跨足多元文化领域，拓宽自己的文化视野。这样的文化素养提升对于建设更加开放、多元的城市社区有着积极的作用。

2. 艺术活动的互动平台

艺术活动的举办为城市创造了一个丰富多彩的互动平台，使城市不仅仅是艺术品的呈现者，更成为居民参与和互动的独特场所。这种互动在多个层面上丰富了城市文化生活，促进了社会的凝聚力。

首先，艺术活动作为互动平台，为居民提供了参与文化活动的机会。城市中定期举办的艺术展览、文化节和演出等活动成为市民积极参与的场所。居民可以通过参观艺术展览、参与文化体验活动，与艺术家、文化从业者互动交流，拓宽自己的文化视野，享受文化的乐趣。这样的互动让城市的文化生活更具参与性，使居民成为城市文化的共同创作者。

其次，艺术活动的互动平台促进了居民之间的社会互动和交流。在艺术活动中，人们可以共同欣赏、讨论艺术作品，分享对文化的理解和感受。这样的社交互动不仅促进了邻里之间的交流，还搭建了不同社群之间的桥梁，打破社会中的隔阂，促进了社区的融合。通过共同参与艺术活动，居民在互动中建立了更加紧密的联系，形成了更加和谐的社会关系。

艺术活动的互动平台还在某种程度上打破了观众与艺术家之间的距离，使双方建立更加直接和深入的联系。艺术家可以通过与观众的互动了解观众的反馈和需求，观众则有机会与艺术家交流对作品的理解和感悟。这种直接的互动促进了艺术创作与观众之间的紧密联系，使艺术活动更贴近人心，更能够满足观众的需求。

（三）艺术作为创新引擎

1. 激发城市内在创造力

艺术家的创新思维和实践成为城市内在创造力的重要源泉。艺术的启发作用不仅体现在具体的艺术作品中，更深刻地影响了城市居民的思维方式和生活态度，从而激发了城市内在的创造力。

首先，艺术家的创新思维在城市中播下了创造性的种子。艺术作品常常突破传统的观念和表达方式，通过独特的视角和创新的手法呈现出新颖的艺术形式。这种创新精神在城市中渗透至各个领域，启迪居民传统思维框架，鼓励他们勇于尝试、勇于创新。城市内在的创造力由此得以培养，推动城市走向更加富有活力和创意的方向。

其次，艺术家的实践经验为城市居民提供了丰富的启示。在创作过程中，艺术家常常面临各种挑战和问题，通过创新的解决方案展现出对复杂情境的独到见解。这种实践经验为城市居民提供了宝贵的学习机会，激励他们在生活和工作中运用创新思维解决问题。城市内在的创造力在实践中得以释放，推动城市社会的发展和进步。

艺术的激发作用不仅表现在个体层面，还在城市的组织和产业发展中发挥着积极作用。城市通过引入艺术元素，支持艺术家的创作和实践，创造了更具创新性和活力的文化氛围。艺术创意产业的崛起为城市经济注入了新的动力，形成了以创意为核心的产业体系。这不仅推动了城市的经济繁荣，还加强了城市与国际文化创意产业的交流与合作，提升了城市的全球竞争力。

2.艺术对城市可持续发展的贡献

艺术的创新引擎作用在城市中得到了深刻体现，其成果渗透到多个领域，为城市的可持续发展贡献了重要力量。这种贡献不仅表现在建筑设计领域，还延伸至科技产业等层面。

首先，艺术创新在建筑设计中发挥了重要作用。艺术作为一种源源不断的创新力量，影响着建筑设计的理念和风格。艺术元素的融入使得建筑更具独特性和创意性，不再局限于传统的设计框架。例如，艺术装置和雕塑可以成为城市建筑的标志性元素，赋予城市新颖的面貌，提升城市形象。这种创新的建筑设计不仅为城市注入了活力，还满足了居民对美好生活空间的追求，促使城市在可持续的城市规划和建设中迈出更为坚实的步伐。

其次，艺术作为创新引擎推动城市朝着更具创新力和可持续性的方向发展。艺术家的创新思维和实践激发了城市内在的创造力，为城市的科技产业注入了新的动力。艺术的创新成果常常能够应用于城市科技产业的发展，如数字艺术、虚拟现实等技术的引入，推动城市在科技领域实现更大的突破。艺术创新在城市中成为新兴产业的孵化器，为城市经济结构的优化和升级提供了有力支持。

艺术作为城市创新的源泉，不仅影响了建筑和科技产业，还在城市社会的多个方面发挥了推动作用。通过艺术活动的推动，城市社区得以更好地参与文化交流，提高了社区的凝聚力。艺术的普及也使得城市居民更加关注环境保护、可持续生活方式等议题，推动城市在社会层面更具可持续性的发展。

二、城市发展中艺术的角色与影响

（一）塑造城市的社会氛围与身份认同

1. 文化标识的塑造

艺术在城市中不仅塑造了独特的文化氛围，也通过各种标识性艺术作品强化了城市的身份认同。文化标识的塑造是通过艺术形式将城市的历史、文化和独特性具象化，传递给居民和外来者，使得城市的精神面貌和文化特色得到形象表达。例如，城市的雕塑、壁画、公共艺术装置等，往往承载着地方的文化符号和历史故事，它们通过视觉艺术的形式，使城市的文化传统得以延续和发扬。这些文化标识不仅成为城市景观的一部分，还能够激发居民的归属感和自豪感。此外，文化标识的塑造还体现在通过艺术展览、公共艺术项目等形式，展示城市的文化多样性和包容性。通过艺术作品的呈现，居民和游客能够更深刻地理解城市的文化内涵，从而增强城市的文化认同感。

2. 居民参与和共建的动力

艺术在城市中创造的文化认同不仅仅是一种被动的认可，更成为居民参与和共建的重要动力。这种参与和共建的动力是通过艺术作品的创作和展示引发的，使居民感受到城市是一个共同创造的空间，从而促进了社区的互动和共同发展。

首先，艺术作为文化认同的创造者，激发了居民对城市的积极参与。通过艺术元素的独特呈现，居民在艺术作品中找到了对城市的共鸣和认同。这种认同感激发了居民对城市事务的关注和关心，使他们更加愿意参与城市的建设和发展。艺术作品的魅力引导居民主动投入城市的各个方面，从而形成了一种积极的参与动力。

其次，艺术作品通过其共建的属性，塑造了城市为一个集体创造的空间。艺术不再是孤立的个体创作，而是成为一个社区共同参与的平台。公共艺术空间的营造为居民提供了欣赏和参与的机会，使居民能够在城市的发展中有更加积极的参与感。这种共建的理念促使居民形成一种共同体验和共同责任的社区意识，从而推动了社区的互动和发展。

艺术的介入不仅使居民感受到城市是一个共同创造的空间，还在共建的过程中促进了社区的互动。通过艺术活动的举办和居民的参与，社区内形成了更加紧密的联系。居民在艺术创作和展示中产生了更多的互动机会，形成了一个共同分享文化体验的社区。这种互动促使社区成员更加了解和尊重彼此，形成了更加和谐的社区关系。

（二）艺术在城市规划中的关键角色

1. 社区建设的人文关怀

艺术在城市规划中的关键角色，将人文关怀融入社区建设，使城市规划更加人性化。艺术的介入不仅仅关注建筑和道路的布局，更注重居民的生活体验，从而塑造具有人文关怀的社区。

首先，艺术通过城市规划中的艺术元素融入，赋予城市更加人性化的外观。艺术作为城市规划的一部分，通过雕塑、壁画等形式的艺术介入，使城市的面貌变得更加独特而富有文化氛围。这不仅仅是单纯的建筑风格，更是对居民情感的呼应，通过艺术元素的运用，使城市更具温暖和亲近感。这种人性化的外观设计使居民更容易产生对城市的归属感和情感联系。

其次，艺术通过规划中的文化空间和公共艺术空间的设立，注重提高居民的生活体验。公共艺术空间的营造使城市成为文化的聚集地，为居民提供了丰富的文化活动和艺术体验的机会。这种文化活动不仅仅是在特定的场馆内，更体现在城市的各个角落，为居民创造了更为丰富和多元的社区生活。艺术的引入使社区建设不再局限于硬件设施，而是更加注重居民在社区中的文化享受。

艺术的介入不仅关注城市规划中的形式，还深刻地体现在对居民生活的人文关怀。通过规划和设计，艺术使城市成为一个更具人情味和温馨的生活空间。这种人文关怀不仅提高了城市的整体居住质量，还使社区建设更具社会责任感。艺术作为城市规划的关键元素，以人为本，注重居民的感受和需求，推动城市规划向更加人性化的方向发展。

2. 创造宜居和谐的居住环境

艺术的介入为城市规划注入了更多关注社区和谐的元素，创造了更宜居、更具凝聚力的居住环境。

在城市规划中，艺术的介入使得城市不再仅仅关注单一的城市布局和建筑设计，而更注重社区的和谐。通过艺术元素的融入，城市规划更多地考虑了居住者的需求和社区的整体氛围。例如，在住宅区域的设计中，艺术装置、景观雕塑等元素能够为居民提供更为宜居和愉悦的居住环境，使社区更具活力和吸引力。

居住环境中的艺术元素不仅仅是装饰，更是社区建设的一部分。艺术的介入创造了更为丰富的公共空间，如艺术广场、文化长廊等，为居民提供了休闲娱乐和社交的场所。这些公共空间的设计注重社区居民的互动和参与，促使社区成员更加密切地联系在一起，形成更加和谐的社区氛围。

最后，艺术在城市规划中的运用也有助于提高居住者的文化素养。公共艺术空间的建设为居民提供了欣赏艺术的机会，促进他们对不同文化表达形式的理解和欣赏。这种文化素养的提升有助于居民更好地融入社区，形成更为包容、和谐的社区氛围。

（三）艺术促使城市成为文化的交流中心

1. 文化交流的多元形式

艺术通过多种形式，如展览、文化活动和艺术节等，使城市成为一个多元文化的交流中心。这一中心不仅仅限定在特定场馆，更是融入城市的各个角落，为多元文化的共融创造了丰富的空间。

首先，艺术展览是城市文化交流的重要形式之一。各种艺术展览，包括绘画、雕塑、摄影等，为艺术家提供了展示其作品的平台，同时也为观众提供了欣赏、思考和交流的机会。这种形式的文化交流不仅丰富了城市的文化氛围，还促进了不同文化之间的对话和互动。

其次，文化活动在城市中扮演着连接不同文化的纽带。这些活动可以包括传统文化节庆、民俗展示、文化论坛等，为不同社群提供了展示和分享其文化特色的平台。这种文化活动的多样性有助于打破文化之间的壁垒，促使各种文化在城市中得以共生。

艺术节是城市文化交流的盛大时刻，它将各种艺术形式集结在一起，展现了城市多元文化的繁荣。音乐、舞蹈、戏剧等不同艺术领域的融合，为观众呈现了一场丰富多彩的文化盛宴。这种综合性的艺术节活动不仅丰富了城市居民的文化体验，还为不同文化之间的交流提供了更广阔的平台。

艺术的文化交流中心不仅仅体现在具体的场馆和活动中，更贯穿城市的各个角落。公共艺术作品、城市雕塑、街头艺术等形式将艺术元素融入城市的日常生活，使文化交流变得更加贴近人们的生活。这种多元文化的共融不再是孤立的事件，而是贯穿城市的方方面面，形成一种自然而流动的文化融合。

2. 城市氛围的多元文化共融

艺术的广泛普及为城市创造了一个各种文化流派相交汇的中心。城市氛围中充满了多元文化的元素，这不仅促进了文化的共融，还使得城市更加富有活力和包容性。

首先，艺术的普及使得城市成为各种文化流派的汇聚点。不同形式的艺术作品，包括绘画、雕塑、音乐、舞蹈等，展示了各种不同文化的独特风采。这样的多元性在城市中形成了一个丰富的文化画卷，让人们在城市中感受到来自世界各地的文化碰撞和交流。

其次，城市氛围中多元文化的元素促进了文化的共融。通过不同文化的交流和融合，城市中形成了独特而丰富的文化熔炉。艺术作品、文化活动以及城市空间中的设计都承载着不同文化的印记，让人们能够在城市中感受到多元文化的融合，促进了文化之间的相互理解和尊重。

城市的多元文化氛围不仅体现在艺术作品和文化活动中，还在城市的社交场所、商业区域和社区生活中得以表现。餐厅、咖啡馆、商场等地成了展示不同文化特色的场所，各种文化元素在这些场所交汇，创造出了丰富的社交体验。这样的社交场所也成为人们更深入了解和体验多元文化的空间。

最后，这样的多元文化氛围使城市更加富有活力和包容性。城市不再是单一文化的代表，而是融合了各种文化特色，使得城市生活更加多姿多彩。多元文化的共融为城市注入了创新的力量，使其更加开放和具有吸引力。

第七章 环境艺术中的科技与创新

第一节 人工智能在环境艺术中的应用

一、人工智能与环境艺术设计

如今,随着科技的高速发展,人工智能逐渐渗透到各个行业,其中与环境艺术设计的关联性引起了人们的广泛关注。在面对这一趋势时,我们应该持一种积极的态度,拥抱人工智能,并认识到它在环境艺术设计领域的潜在价值。实际上,人工智能在环境艺术设计工作中有许多应用场景,如下所示:

首先,人工智能技术为环境艺术设计提供了更为精准和智能的数据分析工具。通过对大量数据的分析,人工智能能够洞察用户行为、审美偏好以及社会文化趋势,为艺术设计提供更有针对性的指导。这种数据驱动的设计方法有助于环境艺术作品更好地满足观众需求,提高作品的吸引力和共鸣性。

其次,人工智能在艺术创作中扮演着助手的角色。通过深度学习和生成模型,人工智能能够生成具有创意性的艺术内容,为艺术家提供新颖的灵感和创作方向。这种合作模式不仅丰富了艺术创作的可能性,还推动了艺术的创新,使得艺术作品更具前卫性和独特性。

表 7-1 中展示了人工智能在环境艺术设计中的应用场景,这些场景涵盖了数据分析、创意助手、情感识别与互动装置多个方面。这些应用不仅提高了设计效率,还拓展了设计的可能性,为环境艺术注入了更多科技的元素。

表 7-1 人工智能技术涉及的场景

序号	应用场景	主要作用
1	采集大数据	采集、存储和分析信息,并对环境进行再现和感知
2	应用虚拟技术	呈现逼真的场景以及复杂的场景变化
3	促使设计回归创造	由计算机进行更加精准的逻辑运算和理性分析

续表

序号	应用场景	主要作用
4	优化生活方式	提升人居环境创造水平
5	寄托梦想	促进行业发展

二、人工智能环境下的设计思维创新

（一）文化创新

在设计思维创新的过程中，深度挖掘文化底蕴是至关重要的一步。设计者需要通过深入研究当地的文化特色，了解人们的信仰、价值观以及生活方式。这有助于在人工智能应用中更好地理解和融入当地人民的生活情趣。通过将文化底蕴作为设计的基础，设计者能够创作出更符合当地文化特点的作品，从而满足地域性展现需求和人民群众的精神寄托需求。

1. 文化内涵与数字化的融合

文化内涵与数字化的融合在设计思维创新中扮演着至关重要的角色。实现这种融合不仅有助于更深层次地理解和传递文化信息，而且为设计师提供了丰富而多样化的表达手段。数字化技术的广泛应用为设计者提供了前所未有的机会，使他们能够更好地捕捉、呈现和传承文化内涵。

在这种融合的背景下，虚拟现实和增强现实等技术成为实现文化内涵与数字化融合的有效手段之一。通过虚拟现实，设计者可以创造出沉浸式的文化体验，使用户仿佛置身于一个虚构而真实的文化场景中。这不仅能够加深用户对文化的理解，还能够激发其对文化的兴趣和参与度。增强现实技术则将数字化信息叠加到现实世界中，为用户呈现出更加丰富和有趣的文化体验。例如，在博物馆展览中，通过增强现实技术，用户可以通过手机或平板设备观看展品的数字化呈现，获得更多关于文物背后故事的信息。

这种融合并不仅仅局限于技术手段，更涉及对文化本质的深刻理解。设计师需要从根本上将文化内涵作为设计的灵感源泉，将数字化技术视为表达和传递文化信息的工具。这种理念转变要求设计者具备跨学科的知识背景，不仅懂得数字技术，还要对文化学、人类学等领域有深入的了解。只有通过对文化内涵的深刻理解，设计者才能更好地运用数字化技术，使其成为文化表达的媒介而非简单的工具。

在数字化时代，文化的传承与创新变得更加便利。通过数字化手段，传统文化可以更生动、直观的方式呈现给观众。设计师可以利用虚拟博物馆、在线文化展览等形式，使用户能够在虚拟空间中体验到传统文化的魅力。同时，数字化还为文化的创新提供了广阔的舞台。设计者可以通过数字艺术、交互式文化体验等方式，将传统文化元素与现代审美相结合，创造出独特而富有创意的文化产品。

2. 对文化发展的审视

文化层面的设计思维创新不仅要求设计者在当前文化中寻找灵感，更需要对文化的发展进行深入审视。这种审视是对文化变迁的理解和对其演变过程的全面考量，以更好地把握文化的本质。设计者在进行文化发展的审视时，需要跨足历史、艺术、传统多个领域，以构建一个全面的文化认知框架。

在审视文化的发展过程中，设计者应关注文化的演变轨迹。通过深入了解文化的历史变迁，设计者可以洞察文化的根本特征和演进规律。这种历史维度的审视有助于揭示文化发展的内在逻辑，从而为设计带来更深层次的灵感和理解。例如，通过研究某一历史时期的文学、艺术、建筑等表现形式，设计者可以捕捉到当时社会的价值观念和审美趋势，从而在设计中融入历史的独特元素。

除了历史维度，艺术维度也是文化发展审视的重要方面。艺术作为文化的表达形式，承载着深刻的文化内涵。设计者应当深入研究不同艺术形式的发展，包括绘画、雕塑、音乐等，以理解艺术在不同文化阶段的变革与创新。这种审视有助于设计者更好地将艺术元素融入设计中，使作品更具有审美价值和文化深度。

此外，对传统文化的审视也是文化发展中不可或缺的一环。传统文化承载着民族、地域的独特精神，对其进行审视可以为设计带来丰富的文化元素。通过深入研究传统的文化习俗、仪式、传承方式等，设计者可以在创新中保留传统文化的精髓，使设计作品既具有传承性，又能焕发新的生命力。

在现代社会中，文化的发展是一个动态的过程，需要与时俱进。设计者在审视文化发展时，应关注当代社会的变革和创新。通过深入了解现代社会的科技、社会结构、价值观等方面的发展，设计者可以使作品更符合当代人的审美和文化需求。这种现代审视不仅使设计作品具备时代感，同时也在传统与现代之间寻找平衡点，为文化的演进提供新的动力。

（二）形式创新

1. 多样化表现形式的合理优化

形式创新在设计思维中的关键性作用越发凸显，尤其在人工智能应用的时代，设计者应当注重对表现形式的合理优化。这一过程旨在使艺术设计更具多样性，以适应不断变化的审美需求。合理优化表现形式的方法包括但不限于图案创新、材料创新和形状创新多个方面的考虑。

首先，图案创新是形式优化中的重要方向之一。通过创造新颖独特的图案，设计者能够为艺术品注入新的生命。图案的选择和设计不仅影响作品的视觉吸引力，还在很大程度上反映了文化、社会和时代的特征。在人工智能的辅助下，设计者可以利用算法生成各种复杂而独特的图案，为艺术设计带来更大的创作空间。

其次，材料创新是形式创新中的另一个关键元素。随着科技的进步，新材料的不断涌现为设计者提供了更多可能性。通过探索和应用新材料，设计者能够在形式上实现更为丰富的表达。例如，纳米技术的应用使得材料可以具备之前无法想象的性能，从而为艺术设计提供了更加前卫和科技感的表现形式。

最后，形式创新也是形式优化中不可忽视的方面。通过对形状的灵活运用，设计者能够打破传统的界限，创造出更富有动感和层次感的艺术品。在人工智能的支持下，设计者可以通过算法生成复杂的形状结构，从而在形式上展现出更高程度的抽象和创意。这种形式创新不仅满足了审美上的需求，还推动了艺术表达方式的不断演进。

值得注意的是，在数字化时代，形式创新需要更好地适应多元化的审美需求。不同文化、群体和个体对艺术形式的偏好各异，因此设计者应当灵活运用各种要素，以确保艺术设计既具有全面性，又能够具体地反映出不同层面的美感。数字化工具为设计者提供了更大的灵活性，使其能够更好地捕捉并满足不同审美背景下的需求，从而实现形式创新的多元发展。

2. 数字化时代下的形式创新

当前数字化时代为形式创新带来了新的发展挑战和机遇。设计者在这一背景下可以通过充分利用数字化工具，如计算机辅助设计和三维打印等，推动形式创新的蓬勃发展。数字化时代的特点不仅改变了设计的方法和流程，还为形式创新的实践提供了更为灵活和多样的可能性，从而为艺术设计领域注入了更多的创意和活力。

数字化工具的广泛应用是数字化时代形势创新的关键推动力之一。计算机辅助设计（CAD）等软件使得设计者能够在虚拟环境中进行创作和实验，不再受制于传统的手工制作方式。设计者可以通过CAD软件精确地构建、编辑和演示设计方案，从而更加高效地实现对形式的探索和调整。这种数字化工具的使用使得设计者能够更迅速地从概念到实体，大大提高了形式创新的效率。

三维打印技术是数字化时代形势创新的另一大亮点。它通过逐层堆积材料的方式，可以实现设计师创造出复杂而精致的物体，这在传统手工制作难以达到的基础上提供了更大的自由度。设计者可以通过三维打印技术将虚拟的设计方案变成实体，并在制作过程中进行不断的优化和改进。这种数字化时代独有的制造方式为形式创新提供了全新的可能性，同时也推动了设计师对于材料、结构和表面处理等方面的深入思考。

　　数字化时代的形式创新还体现在虚拟现实（VR）和增强现实（AR）等技术的运用上。通过虚拟现实技术，设计者可以在虚拟环境中进行全方位的观察和体验，从而更好地预估作品在实际环境中的表现效果。增强现实技术则能够将数字化的元素叠加到现实世界中，为用户呈现出更为丰富和沉浸式的体验。这种数字技术的融合使得形式创新的呈现方式更加多样化，同时也增强了作品与观众之间的互动性。

（三）功能创新

1. 人工智能驱动的功能优化

　　在人工智能环境下，功能创新越发凸显其重要性。人工智能技术的广泛应用为产品功能性的提升提供了强大的支持，设计者应当深入挖掘人工智能技术的潜力，以实现更全面、智能化的功能创新。这种创新不仅关乎产品的实用性和便捷性，还致力于充分满足审美要求，提供更加智能、舒适、安全的使用体验。

　　在智能家居领域，人工智能系统的应用为功能创新提供了广泛的空间。通过智能家居系统，用户可以实现对家庭环境的智能调控，包括温度、湿度、照明等方面。例如，智能温控系统可以通过学习用户的习惯，自动调整室内温度，提供更加舒适的生活环境。智能照明系统则可以根据光线的颜色和强度调整，营造出符合人体生理和心理需求的灯光氛围。这样的功能创新不仅提升了家居的实用性，同时也为用户创造了更为智能和个性化的生活体验。

　　在健康领域，人工智能技术也为功能创新带来了新的可能性。智能健康监测系统通过传感器、数据分析等技术，可以实时监测用户的生理指标，提供个性化的健康建议。例如，智能手环可以监测心率、睡眠质量等数据，并通过人工智能算法分析用户的健康状况，提供定制化的运动和饮食建议。这种功能创新不仅使健康管理更加便捷和个性化，而且促进了用户对自身健康状况的深入了解。

　　在智能交通领域，人工智能的应用为交通工具的功能创新提供了新的思路。智能驾驶系统利用感知技术、决策算法等实现了车辆的自主导航和智能驾驶。这种功能创新不仅提高了交通工具的安全性，还为用户创造了更为舒适和便捷的交通出行体验。此外，智能交通系统可以通过数据分析和优化调度，提高交通效率，减少拥堵，为城市交通管理带来全新的可能性。

在工业生产领域，人工智能的应用为生产设备的功能创新提供了前所未有的机会。智能制造系统通过感知、学习和优化等技术，实现了生产过程的智能化和自动化。例如，智能机器人在生产线上可以灵活执行各种任务，提高生产效率；智能质检系统可以通过图像识别等技术实现对产品质量的实时监测，提高制造精度。这样的功能创新不仅提高了生产效率，还为制造业的可持续发展提供了新的动力。

2. 人类美好生活的向往

功能创新的核心目标是实现人类对美好生活的向往和追求。通过深入挖掘产品功能的潜力，设计者可以更好地满足人们在生产和生活中的多元需求，从而推动社会的不断进步。在人工智能技术的支持下，功能创新不仅仅是产品性能提升的过程，更是对社会生活方式的积极改变，为人民群众带来了更多便利和可能性。

功能创新的价值在于提升人们的生产和生活品质。通过对产品功能的深入挖掘和优化，设计者可以使产品更加智能、高效、便捷。例如，在智能家居领域，人工智能系统的应用使得家庭设备能够智能联动，实现自动化控制，为用户创造了更加舒适、安全、便利的居住环境。这种功能创新不仅提高了家庭生活的效率，还为人们营造了更加宜居的生活氛围，满足了对美好家居生活的向往。

（四）情感创新

1. 情感共鸣的唤起

融入情感是设计产品唤起欣赏者情感共鸣的关键。尽管人工智能本身不具有情感，但在设计思维中融入情感可以使产品更富有人情味。设计者可以通过讲述独特的历史故事、传承文化记忆等方式，使产品更具情感深度，激发用户的情感共鸣。这种情感共鸣不仅使产品更容易被人们接受，还为用户留下深刻而难忘的体验。

2. 理性与感性的相互支持

设计工作本身具有理性的特点，但将情感融入其中可以使理性与感性相互支持。情感创新的目标是在保持产品功能性和实用性的同时，赋予产品更加人性化的特质。通过在设计中融入情感元素，产品不再仅仅是冷冰冰的工具，而是能够与用户建立更为紧密的情感联系。这种相互支持的设计方式不仅让用户在使用产品时感受到实用性，同时也激发了情感上的共鸣，使产品更具有生命力。

3. 情感与虚拟现实的结合

在人工智能环境下，情感创新可以借助虚拟现实等技术手段更加生动地呈现。通过虚拟现实，设计者可以创造出沉浸式的体验，使用户能够更深刻地感受到产品所传递的情感。这种结合不仅提升了设计作品的艺术性，同时也加强了用户与产品之间的情感互动，进一步拓展了设计的可能性。

三、人工智能在环境艺术设计中的审美维度

1. 多模态感知的审美感知形态

在当代环境艺术设计领域，人工智能在主体审美感知形态方面发挥着显著的影响。随着互联网的迅速发展和生存空间的多元化，人类的感知模式正在逐渐向复合感知模态方向演变。数字技术构建的虚拟网络空间不仅成为日常生产和生活的必需品，而且为人工智能提供了新的可能性，尤其是在艺术审美领域。

通过应用人工智能，艺术审美意识得以从多种主体基础的视角中获得灵感，实现了无缝转换。在审美活动中，主体与客体之间呈现出一种"融合映射"的状态，这使不同主体基础的审美体验得以共生共存。同时，还出现了"转换关照"的现象，表现为审美活动中主体与客体之间相互转换关注的状态。这样的审美关系构建了一种"物我两忘"的意识形态，使得审美感知的发展逐渐步入多模态共生的局面。

在这一演变过程中，数字技术的虚拟网络空间成为艺术创作的创新平台。人工智能的介入为审美活动带来了新的视角和可能性。通过数字技术构建的虚拟网络空间，艺术作品可以更好地融入现实生活，并适应多元的审美需求。这种数字化的多模态感知形态不仅丰富了审美活动的层次，还使得艺术作品更贴近人们的生活经验。

2. 以认知计算构建为核心的审美意象建模方法

在环境艺术设计领域，以认知计算构建为核心的审美意象建模方法呈现出一种革命性的变革。在传统模式下，审美感知激发创作冲动后，主要依赖人脑进行创作，将抽象意象转化为具体意象。然而，这一过程受到主观性较强的局限，导致作品在"普世价值"方面相对欠缺，同时也影响了环境艺术设计工作的效率。

随着人工智能的应用，审美意识经历了深刻的变革，审美活动的参与复杂性

和深度逐渐增加。以认知计算为核心的方法通过虚拟技术和数字技术的数据库和计算方法，模拟人类智能活动，实现了审美意象更加精准地塑造。这种方法的计算结果不包含情感色彩，使得审美过程更具理性和客观性。

在应用人工智能的同时，通过调整参数将目标群体的普遍审美喜好纳入设计过程，这使得设计者能够高效地创建符合目标群体审美标准的设计产品。从而，审美意象建模方法的革新在提高设计效率的同时，也使得艺术作品更加符合观众的审美期望。

这一方法的核心优势在于摆脱了传统审美建模中的主观性和片面性，为设计师提供了更科学、全面的创作指导。通过认知计算的方式，审美活动得以更加系统地理解和分析，使得艺术创作过程更加精准、高效。

3. 虚拟与现实相互转换的表达

在环境艺术设计中，对物象进行物化传达是设计过程中至关重要的一环。人工智能的应用为环境艺术设计提供了更为广阔的空间，尤其在虚拟与现实相互转换的表达方面带来了重大变革。

传统设计模式仅能在现实的空间中进行物化传达，这导致了设计者和受众在设计过程中相对独立的状态。只有在完成作品的最终物化后，设计者才能获得受众的评价。然而，随着人工智能的介入，主体、客体之间以及现实、虚拟之间的差异性逐渐被弱化。这意味着设计者和受众之间的审美时空形态趋于平行，从根本上打破了设计者与受众之间的壁垒。

在人工智能的支持下，整体设计效率得以显著提升。设计者和受众之间的审美互动变得更为直观和高效。这种转换使得设计过程中的创作者和受众之间的沟通更加畅通，有助于提升整体设计的使用效果和评价。设计者能够更实时地感知受众的反馈，从而及时调整和改进设计，使作品更符合受众的期望。

虚拟与现实相互转换的表达不仅加强了设计者与受众之间的互动，也为艺术作品注入了更多元的元素。通过人工智能的支持，设计者能够更灵活地运用虚拟技术和数字技术，创造出更为丰富和多样化的艺术作品。这种创作方式不仅使设计更富有创意，还更贴近当代社会的多元审美需求。

第二节　3D打印技术在环境艺术中的创新

3D打印技术是一种快速成型技术，通过3D扫描仪获取信息，经计算机软件制作而成，与传统制造有显著区别，对环境艺术设计产生了深远影响。尽管近年来3D打印技术在环境艺术设计中得到了广泛应用，但其潜力仍有待充分挖掘。因此，有必要深入研究3D打印技术在环境艺术设计领域的应用。

一、3D打印技术应用优势

3D打印技术是通过3D扫描仪获取实物信息或利用计算机软件制作三维模型，随后将模型切片并利用胶合材料逐层打印，最终呈现为实体物体。其与传统制造方式有显著区别，传统制作需要对材料进行切割、腐蚀和磨削，然后焊接或拼装成产品零部件。相比之下，3D打印无须模具和原坯，通过计算机生成三维模型，实现各种形状实物的制作，简化了生产流程、降低了成本、提高了效率，并缩短了制作周期。这种技术在环境艺术设计中得到了广泛应用。

（一）便捷性

3D打印技术在环境艺术设计领域展现出卓越的便捷性。相较于传统制造过程，3D打印技术不依赖于复杂的模具或精细加工，直接利用计算机模型数据生成实物，从而显著提高了生产效率、缩短了生产周期，同时降低了生产成本。这种便捷性对于环境艺术设计的专业性、系统性强，要求设计人员或团队具有高度专业素养的工作来说至关重要。

环境艺术设计的复杂性在于其遵循设计原则，并需要设计人员根据这些原则进行相关活动。在3D打印技术出现之前，设计人员主要通过设计图纸或方案来想象成品的模样，设计的过程往往脱离了设计结果。即便使用计算机，也难以达到3D打印技术所能呈现的实物效果。

因此，3D打印技术的便捷性对于环境艺术设计的创新起到了关键作用。设计人员只需将设计数据录入计算机，通过辅助软件将这些模型数据转化为实物。这种直观而高效的过程使得设计理念能够迅速实现物质化，让设计人员更容易地将理想与现实进行高效转化。3D打印技术为环境艺术设计提供了一种全新的创作方式，极大地拓展了设计的可能性。在这种新兴技术的支持下，艺术创作者能够更自由地表达创意，推动了环境艺术设计领域的发展。

（二）设计成本低

设计成本一直是环境艺术设计领域关注的一个重要问题。在环境艺术设计过程中，设计人员需要具备较高的艺术素养，而这在实际设计过程中会导致相对较高的设计成本。在设计的初期阶段，必须深入了解并分析受众的审美需求，然后有针对性地进行环境艺术设计。设计阶段需要耗费相当大的劳动力和时间成本。如果设计中出现不合理或错误的情况，可能还需要支付二次设计的成本，这就使得整体设计成本陡然增加。在室内环境艺术设计中，传统的设计方法通常需要使用一定数量的原材料，而且在实际施工过程中可能会涉及多次修改和调整，进一步增加了成本；而3D打印技术的应用为降低设计成本提供了新的途径。

通过3D打印技术，室内环境设计的理念和具体方案可以直接呈现出来，无须大量原材料支持。这避免了传统设计中可能存在的原材料浪费问题，从而有效降低了环境设计的直接与间接成本。在计算机建模的基础上进行打印，极大地节约了设计的时间成本。这种高效率的制作过程使得设计者能够更加专注于创意的表达，而不为制作过程的烦琐所拖累，进一步提高了设计的效率。

因此，3D打印技术在环境艺术设计中的应用不仅提供了更为直观、高效的创作手段，同时也为设计成本的控制和降低提供了创新性的解决方案。这一新兴技术的应用为环境艺术设计领域带来了深刻的变革，为设计者提供了更广阔的创作空间，使得设计在满足审美要求的同时更具经济效益。

（三）立体精准性

3D打印技术在环境艺术设计中展现出卓越的立体精准性。这一技术特点使得通过3D技术打印出来的产品更为精准、具有更强的立体感。在医疗行业，3D打印技术被成功应用于制造人体头盖骨、胸腔等模型，这是传统技术与方法所无法达到的高度及精细度。而在环境艺术设计领域，3D打印技术的立体性特征为设计人员呈现其设计理念及方案提供了极大的帮助。

这种技术的立体精准性能够更好地还原设计师对环境空间的创意设想和设计规划。通过3D打印技术，设计者可以将其设计理念以高度立体的形式精准打印还原，使得设计的呈现更加真实、具体。这对于环境艺术设计的表达提供了全新的可能性，使设计师能够更加准确地传达自己的创意，同时也使得受众更容易理解和感知设计的深度。

立体精准性的优势不仅仅体现在设计的呈现上，更在于为设计工作提供了便利。设计者能够准确地评估其创意的实际效果，有针对性地进行调整和改进。这使得设计过程更具实验性和实践性，为设计师提供了更大的发挥空间。因此，3D 打印技术的立体精准性不仅为环境艺术设计提供了新的创作手段，还为设计过程的准确性和效率性带来了显著提升。

（四）设计改动空间大

在环境艺术设计中，实现最终成型往往需要经历多次方案修改和设计完善的过程。特别是在商用环境设计中，设计人员必须结合客户的意见进行反复调整，以优化设计并满足客户的需求。在传统的环境艺术设计中，改动的范围通常较为有限，尤其在涉及较为精细的设计时，改动往往更为复杂。然而，引入了 3D 打印技术后，设计改动的空间得到了显著扩大。

在传统设计中，尤其是那些需要进行较为精细修改的情况下，设计师面临着一定的局限性；而 3D 打印技术通过充分利用计算机与网络技术，借助计算机软件对设计方案进行任意修改的便利性，为设计改动提供了更大的可能性。设计者可以通过计算机软件对模型进行灵活、快速的修改，从而实现对设计的全方位调整。这种灵活性为环境艺术设计带来了更大的创作空间，尤其在建筑设计、园林规划等大型设计项目中，这一优势显得尤为重要。

3D 打印技术的引入使得设计改动的过程更为高效，设计人员能够更加迅速地响应客户的反馈，满足其需求。这对于设计的实时调整和优化提供了便利，使得设计者能够更加灵活地处理设计中的各种变数。因此，3D 打印技术的改动空间大这一特点为环境艺术设计注入了更大的灵活性和创作自由度。这一优势将进一步推动环境艺术设计领域的发展，促使设计师更加积极地探索创新的设计方向。

二、3D 打印技术在环境艺术设计中的应用

在环境艺术设计的过程中，设计人员充分运用 3D 打印技术取得了创新性的设计成果。3D 打印材料本身具备环保、可循环利用和多样性等特点，为环境艺术设计提供了强有力的技术支持。应用 3D 打印技术完成作品时，设计人员的创新思维不再受到束缚，成功设计出精确而高质的 3D 模型，在设计周期的缩短、设计想法的更畅通交流方面实现了显著的进步，同时也降低了时间和劳力成本。

（一）3D 打印技术在家具设计中的应用

在环境艺术设计领域，3D 打印技术为家具设计带来了革命性的变革。设计

师通过数字建模和 3D 打印技术，能够实现对家具形状、结构的高度个性化定制，从而推动家具设计领域朝着更加创新和灵活的方向发展。

数字建模是 3D 打印技术应用的第一步，其精准性和灵活性使得设计师能够更好地呈现家具的设计概念。通过数字建模，设计师可以创建复杂而独特的家具形态，突破传统设计的限制。在家具定制方面，数字建模为设计师提供了更大的创意空间，使其能够更精准地满足客户的个性化需求。

在 3D 打印技术的应用中，制造工艺和材料选择是至关重要的环节。3D 打印技术的发展带来了多种打印工艺和材料的选择，为家具设计提供了更多可能性。设计师可以根据家具的功能、结构和外观要求选择合适的打印工艺和材料。不同的打印工艺，如光固化、熔融沉积、粉末烧结等，具有不同的特点和适用范围。材料的选择也涵盖了塑料、金属、陶瓷等材质，每种材料都对家具的性能和外观产生着不同的影响。

3D 打印技术的创新应用不仅仅局限于形式上的变革，更涉及家具设计的整体生态系统。通过数字建模和灵活的制造工艺，设计师可以更好地融合功能性、美学性和个性化，为用户提供更为符合其需求和审美趣味的家具。这种创新不仅提高了家具的设计质量，还促进了家具行业向可持续、定制化的方向发展。因此，3D 打印技术在家具设计中的应用不仅是技术手段的升级，更是对传统设计模式的颠覆，为环境艺术设计带来了更为广阔的发展前景。

（二）3D 打印技术在居住空间设计中的应用

在当代居住空间设计领域，3D 打印技术正逐渐崭露头角，为设计师提供了丰富的可能性。

首先，该技术为空间定制和个性化设计提供了独特的机会。通过数字建模和 3D 打印，设计师能够创造出更加贴合居住者需求的个性化空间。这种定制化的设计不仅令居住者感到舒适，还能够满足他们对于独特生活空间的追求。

其次，3D 打印技术在室内装饰方面展现了巨大的潜力。设计师可以利用这一技术创造出独特的装饰品和艺术品，从而为居住空间注入更多艺术性和个性化元素。这不仅提升了空间的审美价值，还为居住者营造了独特的生活氛围。3D 打印技术的灵活性和多样性使得设计师能够打破传统的装饰模式，实现更具创意和独特性的室内设计。

最后，3D 打印技术的可持续性特点也对居住空间设计产生了积极影响。设计师可以选择可再生、环保的打印材料，从而在设计过程中减少对环境的不良影响。此外，精准的3D打印过程还能够有效减少材料浪费，使设计更加符合可持续发展的原则。这一特点与当代社会对于可持续性和环保设计的追求相契合，为居住空间的可持续性发展提供了新的思路和可能性。

（三）3D打印技术在室外环境设计中的应用

在室外环境设计领域，3D打印技术的广泛应用为设计师带来了独特的创新可能性。

首先，该技术在创新景观设计方面发挥了关键作用。设计师可以通过3D打印技术实现更为复杂和独特的景观元素，从而打破了传统景观设计的局限。这种创新性的设计不仅为室外空间注入了新的活力，还为人们提供了与自然互动的全新体验。通过数字建模和3D打印技术，设计师能够实现对地形、植被和水景等元素的精准塑造，创造出令人惊艳的室外景观。

其次，3D打印技术的引入为公共艺术和城市雕塑提供了全新的创作方式。设计师可以充分利用数字建模和3D打印技术，创造出更具艺术性的城市装置和雕塑作品。这种创新的艺术表达不仅能够提升城市的文化氛围，还为居民创造了丰富的城市体验。通过3D打印技术，设计师能够实现更为复杂、精致的雕塑形态，同时加入细致的纹理和结构，使得公共艺术作品更加引人入胜，成为城市的独特标志。

最后，关注可持续性和生态环境是室外环境设计中的重要考量。3D打印技术的可持续性特点为室外环境设计提供了新的途径。设计师可以选择可再生、环保的打印材料，以及通过精准的打印过程减少材料浪费。这种可持续性设计不仅符合当代社会对环保的追求，还为室外环境创造了更为健康和可持续的生态体验。通过3D打印技术，设计师能够更好地控制材料的使用，减少对自然资源的过度消耗，从而实现室外空间的可持续性发展。

（四）3D打印技术在建筑模型中的应用

3D打印技术在建筑领域的广泛应用为建筑师带来了新的设计与展示手段。

首先，该技术在建筑设计与原型制作方面发挥了重要作用。数字建模和3D打印的结合使建筑师能够快速、精准地制作建筑原型，从而更好地展示设计理念。这不仅有助于建筑师在设计初期快速验证构想，还为设计团队和客户提供了更直观的理解方式。通过3D打印技术，建筑师能够以实体形式呈现建筑设计的细节，加深对空间、比例和材料的理解，促进更有深度和实际可行性的设计。

其次，3D打印技术在工程可行性分析与效果展示方面发挥了关键作用。在建筑项目中，工程可行性和效果展示是决定项目推进的重要因素。通过 3D 打印技术，建筑师可以创建高度精细的建筑模型，以更直观地展示设计方案。这有助于团队成员和利益相关者更好地理解项目的整体布局、空间关系和设计细节。同时，建筑师还可以通过 3D 打印模型进行工程可行性分析，识别潜在的设计问题并及时进行调整。这种综合性的应用不仅提高了项目的推进效率，还为决策者提供了更准确的信息基础。

最后，3D 打印技术在建筑文化与历史保护领域呈现出独特的价值。在文化遗产保护方面，数字化建模和 3D 打印为建筑师提供了新的途径。通过还原古老建筑的原貌，这项技术成为文化遗产保护与传承的有力工具。建筑师可以利用 3D 打印技术精确还原历史建筑的细节，进行修复和保护工作。这种数字化的手段使得文化遗产的保存更加精准、全面，有助于后人理解、学习和欣赏历史建筑的价值。因此，3D 打印技术在建筑文化与历史保护领域的应用，为文化遗产的可持续传承提供了有力支持。

（五）3D 打印技术在高校环境设计专业中的应用

在高校环境设计专业中，3D 打印技术的应用呈现出多方面的积极影响，为教学与学术创新提供了丰富的可能性。

首先，该技术为教学资源的数字化与创新提供了强有力的支持。通过将教学资源数字化，教师可以更灵活地设计和呈现教学内容。3D 打印技术可以用于制作虚拟模型，让学生在数字环境中探索空间设计的理念。这种数字化的教学方式不仅丰富了教学资源的形式，还使得学生能够更直观地理解环境设计的概念与原理。

其次，3D 打印技术为学生设计作品的实体化呈现提供了重要的工具。在环境设计专业中，学生通常通过手绘和数字建模展示他们的设计作品。然而，通过 3D 打印技术，学生的设计作品可以实体的形式呈现出来。这种实体化的展示方式不仅让学生更好地理解他们的设计成果，还为评估和反馈提供了更具体的依据。学生可以亲自观察和感受他们的设计，促进更深入地学习和创作。

最后，3D 打印技术的应用还可以促进高校环境设计专业中的跨学科合作与实践项目的开展。环境设计通常涉及多个领域，如建筑、艺术、工程等。通过引入 3D 打印技术，不同专业的学生可以共同参与设计与制作过程。这种跨学科的合作不仅拓宽了学生的视野，还模拟了真实项目中的协同工作环境。同时，实践项目的开展也为学生提供了更多的机会应用 3D 打印技术，提高他们的实际操作技能和解决问题的能力。

三、3D 打印技术在环境艺术设计中的应用策略

（一）重视发挥 3D 技术的优势

1. 深入了解 3D 打印技术的潜力

在环境艺术设计中，对于 3D 打印技术的深入了解是设计人员推动创新和提升设计水平的关键因素之一。设计人员应该通过全面学习和实践，深刻认知 3D 打印技术所蕴含的潜力和优势。

首先，设计师需要了解该技术在数字建模方面的卓越表现。通过数字建模，设计师可以更加灵活地表达设计理念，实现对环境艺术作品的精准构建。3D 打印技术能够将设计师的创意从虚拟的数字空间转化为实体的艺术品，为设计提供了更为直观的制作手段。

其次，3D 打印技术在定制化设计方面展现出了强大的潜力。设计人员可以充分利用该技术实现对环境艺术作品的个性化定制。不同于传统制作方式的限制，3D 打印技术能够精确地制造出复杂的结构和精细的细节，满足设计师对于独特性和创新性的追求。这种定制化的设计过程不仅提高了设计的灵活性，还为艺术品赋予了更为个性化的特色。

快速原型制作是 3D 打印技术的又一个重要方面，对于环境艺术设计具有显著的影响。设计人员通过 3D 打印可以迅速制作出艺术作品的原型，实现对设计想法的快速验证和修改。这种高效的原型制作过程有助于设计师更迅速地将创意付诸实践，减少了传统制作过程中的时间和资源浪费。设计师能够在更短的时间内完成多个版本的原型，从而更好地优化和精细化设计。

2. 避免盲目跟风应用

当前，一些设计人员在面对 3D 打印技术时存在认知不足的情况，导致盲目应用的现象。这种现象表明设计领域在采用新技术时可能存在一些误区和挑战。为了有效应对这一问题，设计人员亟须避免盲目跟风，而应通过深入学习和全面了解 3D 打印技术，以更合理地运用其在环境艺术设计中的潜力。

首先，设计人员应当认识到对于新技术的了解是推动创新的基础。盲目应用 3D 打印技术可能导致对其优势和局限性的误解，进而影响设计作品的质量和创意。因此，设计人员在使用新技术之前，应该通过系统学习和培训，深入了解 3D 打印技术的工作原理、适用范围以及潜在的应用价值。这种深刻的认知能够

帮助设计人员更全面、科学地运用3D打印技术，确保其在环境艺术设计中的有效应用。

其次，避免技术追逐是设计人员在面对新技术时应当具备的理性态度。当前设计领域存在快速更新的技术潮流，但设计人员不应盲目跟随，而是应该通过对技术本身的深入理解来制定科学的应用策略。设计师应当审慎选择采用3D打印技术的项目，并在确保技术能够为设计目标提供真正价值的前提下进行应用。这种理性的态度不仅有助于提高设计作品的质量，还能够更好地服务于设计创意和艺术表达。

3. 充分发挥促进作用

在环境艺术设计中，设计人员应主动寻求并充分发挥3D打印技术的促进作用。这种积极的态度有助于设计人员更灵活地表达独特的设计理念，实现更复杂的艺术结构，从而提高设计的创意度和表现力。

首先，设计人员应该在设计的初期阶段就充分认识到3D打印技术在环境艺术设计中的优势。这包括对该技术在数字建模、定制化设计和快速原型制作方面表现的深刻认知。通过提前了解和思考如何充分利用3D打印技术，设计人员能够更好地规划和构思环境艺术作品，确保其在后续制作过程中能够最大限度地发挥创作的潜力。

其次，积极探索和实践是发挥3D打印技术促进作用的关键步骤。设计人员应当在设计的早期阶段就投入技术的实际应用中，通过实际操作和尝试，了解3D打印技术在具体项目中的适用性和局限性。这种实践性的探索不仅有助于设计人员更好地掌握技术的操作技能，还能够及早发现问题并寻求解决方案，确保后续设计过程的顺利进行。

最后，设计师应当在创意的过程中灵活地运用3D打印技术。通过数字建模，设计师可以更加自由地表达独特的设计理念，创造出富有创意和个性的艺术结构。3D打印技术的定制化设计特点也使得设计师能够更好地满足项目需求，为环境艺术作品注入更为个性化的元素，提高设计的差异性和独创性。

（二）合理选择和使用材料

1. 考虑材料对设计的影响

在应用3D打印技术时，设计人员必须深刻理解材料对设计的影响，因为不同材料具有独特的特性，包括质地、颜色、透明度等。这一认识对于环境艺术设计尤为关键，因为选择合适的材料直接影响艺术品的最终效果。设计师在运用

3D打印技术时，应根据设计的要求和主题，精心选择具有适当特性的材料，以确保3D打印作品能够充分表达设计的意图。

首先，设计人员需要考虑材料的质地对作品视觉和触感效果的影响。不同的材料可能呈现出截然不同的表面质感，如光滑、粗糙、光泽或哑光。这些质地特征直接影响观众对艺术品的感知和体验。通过合理选择材料的质地，设计人员可以精准地调控作品的外观，实现对观众视觉感受的精准引导。

其次，颜色是设计中另一个至关重要的因素。材料的颜色直接影响作品的整体色彩表达效果。设计人员应根据环境艺术作品的主题和情感氛围，精心挑选适宜的材料颜色。通过3D打印技术，设计人员可以实现更为丰富的颜色变化和过渡效果，从而使作品更具生动性和表现力。颜色的巧妙运用有助于强化设计理念，引导观众对艺术品的情感共鸣。

最后，透明度是材料特性中的一个重要方面，尤其在环境艺术设计中具有独特的表现力。透明或半透明的材料可以创造出空间感和层次感，使观众感受到作品内在的深度和立体感。设计人员应根据作品的功能和情感需求，灵活选择具有透明度特性的材料，以实现更为丰富的艺术效果。

2. 材料的创新应用

设计人员应当积极鼓励对材料进行创新性的应用，特别是在应用3D打印技术时。通过深入了解3D打印技术所支持的各类材料，设计师有机会挖掘材料的特殊性质，并将其巧妙地运用在环境艺术设计中。这种创新性的材料应用既包括对新型材料的研究和探索，也包括对传统材料在3D打印中的优势的发挥。通过这样的创新，设计师能够创造出更具独创性和前瞻性的环境艺术作品。

首先，对新型材料的研究和探索是推动材料创新应用的重要途径之一。设计人员应该关注当前科技发展中涌现出的新型材料，并深入了解其特性和潜在的应用领域。3D打印技术为这些新型材料提供了广阔的应用空间，设计师可以通过灵活运用这些材料，实现更为复杂和多样化的艺术结构。创新的材料应用不仅拓展了设计的可能性，还推动了环境艺术设计的前沿发展。

其次，对传统材料在3D打印中优势的发挥同样具有重要意义。传统材料如金属、陶瓷、塑料等在3D打印中的应用不仅可以继承其原有的特性，还能够通过3D打印技术实现更为精细和复杂的制作。例如，金属材料可以通过3D打印实现复杂的结构设计，而这是传统加工方式难以达到的。通过充分挖掘传统材料在3D打印中的潜力，设计师可以在保留传统工艺特色的同时，注入更多现代化的设计元素。

通过材料的创新应用，设计师能够在环境艺术设计中达到更高的创造性水平。这不仅仅是对技术的应用创新，更是对设计思维和表现手段的拓展。创新性的材料应用有助于打破传统设计的限制，推动环境艺术领域朝着更加丰富、多元的方向发展。设计人员在这一过程中扮演着重要的角色，他们的创意和实践将为材料创新应用在环境艺术设计中的未来发展注入新的活力。

3.确保材料的可行性

尽管创新在环境艺术设计中至关重要，但是设计人员在材料选择时也必须确保所选材料在实际应用中具有可行性。这一可行性的考量涉及材料的可加工性、稳定性和耐久性等方面，是设计过程中必不可忽视的重要环节。设计师需要综合考虑多个因素，评估所选材料是否适合3D打印的工艺，并在实践中验证其可行性，以确保在后期制作过程中不会出现问题。

首先，设计人员需要关注材料的可加工性。不同的材料在3D打印工艺中的可加工性各异，包括对层叠、固化和细节表达的适应性。设计师应该充分了解3D打印技术对于不同材料的要求，并选择适合该工艺的材料。在评估可加工性时，需要考虑材料的流动性、凝固时间等参数，以确保在打印过程中能够获得稳定而高质量的结果。

其次，稳定性是确保材料可行性的另一个重要方面。在环境艺术设计中，作品可能面临各种外部条件的影响，如温度变化、湿度等。因此，设计人员需要确保所选材料具有足够的稳定性，能够在不同环境条件下保持其原有的结构和外观。这需要对材料的性能进行全面的评估，包括抗变形能力、耐磨性等，以应对各种可能的挑战。

最后，耐久性是设计人员在材料选择中需要重点考虑的因素之一。环境艺术作品可能需要长时间暴露在室外环境中，因此所选材料必须具备足够的耐久性，能够抵御自然风化、紫外线辐射等因素的影响。设计人员需要关注材料的耐候性、耐腐蚀性等性能，确保作品在长期使用中能够保持良好的状态。

第三节　虚拟现实（VR）技术在环境艺术中的体验

随着现代科技的日新月异，科技的不断发展不仅象征着时代的进步，还在很大程度上影响了人们生活和生产的质量。尤其是当前，高新计算机技术和现代虚拟现实技术的崛起为社会的各个领域带来了便利，并在环境艺术设计领域产生了深远的影响。这些先进技术为环境艺术设计提供了广阔的发展空间，推动了设计方案的创新与实践。

在当今经济全球化的大背景下，社会各个领域的竞争变得越发激烈，而环境艺术设计领域也不例外，面临着更为严峻的考验。为了跟上时代的发展步伐，满足大众对环境艺术设计不断提升的需求，环境艺术设计师必须紧跟时代潮流，充分掌握先进的信息技术，并将其广泛应用于环境艺术设计的实践中。这样做不仅有助于提高设计方案的质量，还为设计师在激烈的职业竞争中保持竞争力提供了有力支持。

现代信息技术，特别是高新计算机技术和虚拟现实技术，为环境艺术设计提供了强大的工具和资源。设计师可以通过数字建模、虚拟现实演示等先进技术手段，更全面地展现设计理念，提高设计作品的表现力。这些技术不仅为设计师提供了更灵活的创作方式，同时也为与客户、团队成员之间的沟通提供了高效的途径，从而推动了设计过程的顺利进行。

尤其值得强调的是，在环境艺术设计领域，先进信息技术的应用不仅仅是一种工具，更是一种思维方式的转变。设计师通过数字建模、虚拟现实技术等手段，可以更直观地感知和调整设计方案，提前预览作品在实际环境中的效果。这种实时的反馈和互动性使得设计师能够更加灵活地应对各种挑战，不断优化和完善设计方案。

一、虚拟现实技术在环境艺术设计中的应用宗旨和价值

在我国，建筑和环境设计领域面临发展的迫切需求，需要借助各种高新技术手段来实现更进一步的发展，以凸显设计行业的价值。环境艺术设计的核心是通过经济成本形成具有极高价值的设计方案，这需要设计师敢于挑战传统设计的"瓶颈"，采用一切可行的手段来提高环境艺术设计的工作效果。虽然基于虚拟现实技术的环境艺术设计在实际应用中可能会面临一些问题，但其特性决定了其在

呈现虚拟现实画面方面的独特价值。

虚拟现实技术在环境艺术设计中的应用为设计师提供了技术力量，不仅可以精准预估设计方案，还可以赋予设计更强的概念色彩，这是传统实体项目设计难以达到的理想效果。通过虚拟现实技术，设计师能够突破传统环境艺术设计在空间上的限制，将设计跨越到任何可构思、可实现的环境之中。设计师通过无限的艺术遐想，不断优化和改进设计方案，使环境艺术设计作品更富有欣赏性和实践性价值。

虚拟现实技术与环境艺术设计有着密切的关联，因为它们都涉及相应的环境创建需求。将虚拟现实技术应用于环境艺术设计中，不仅能更好地凸显该技术的优势和特征，还能使二者有机结合，呈现出更为理想的展示效果。环境艺术设计项目通常是大型的工程，需要借助高科技场景来创造并渲染出相应的氛围，以更好地调动人们的各种视听感官，使设计师更直观、深入地了解环境艺术设计。

在实践过程中，虚拟现实技术在环境艺术设计中的应用对该设计领域具有积极的影响。它不仅能够弥补传统环境艺术设计的不足，而且能够突破以往在空间构思上的局限性，避免在设计实践中产生操作层面的障碍。此外，虚拟现实技术的应用还能最大限度地减少反复修改设计带来的成本浪费问题。通过计算机技术、电子信息技术、多媒体技术、仿真技术等，设计师可以创建一个虚拟现实的空间，实现对环境构造的整体设计。因此，虚拟现实技术的应用在很大程度上提高了实体建设项目的经济效益和社会效益。

二、基于虚拟现实技术的环境艺术设计具体思路

（一）基于虚拟现实技术的环境空间模型建构

在当前高科技迅速发展的时代，虚拟现实技术已成为社会各领域广泛推广和应用的前沿设计技术手段。相较于传统的环境艺术设计方式，基于虚拟现实技术构建环境空间模型具有更高的效率和更好的效果。在模型构建的过程中，设计师可以直接将相关数据录入计算机虚拟现实系统，通过计算机的强大计算和设计能力快速建立环境空间模型。例如，在设计建筑物的空间时，设计师可以通过虚拟现实技术确定建筑墙体的起始点位置，输入墙体的长度、宽度、高度等参数，从而构建建筑墙体的空间模型。设计师还可以在墙体结构上设计门窗等配件，通过虚拟现实系统中的命令进行批量设计和制作。通过这些操作，设计师可以使用不

同的系统命令逐步构建各种类型的环境模型，只需启动相应的命令即可完成环境艺术设计工作。

目前，在相关设计领域中，一些常用的设计软件包括 AutoCAD、3dsMax、Lumion 等，它们支持各种不同格式素材的导入，方便设计师将建筑、家居及装饰元素等相关文件导入虚拟现实系统，从而提高环境艺术设计的工作效率，并有效节约设计的时间、降低经济成本。

具体而言，应用虚拟现实技术构建环境空间模型的步骤包括以下几步：

第一步：设计师设计一套完善的环境设计模型方案，并通过 AutoCAD 设计软件进行三维空间图形的初步绘制。

第二步：设计师将绘制完成的三维图形保存后导入 SketchUp 软件中备用，在进行调取、复制等操作的基础上构建三维立体模型框架。

第三步：设计师优化、精简完成的建模文件，并将其导入 3dsMax、Lumion 等软件系统，利用各种材料、灯光、造景等进行模型搭建，同时结合原有的设计理念进行修改和调整。

第四步：根据环境艺术设计面向用户的具体需求，设计师调整实物的规格、材质、大小等，形成更为优化的设计效果。

完成以上所有步骤后，设计师通过系统导出设计成品，呈现最终的整体设计效果。

（二）基于虚拟现实区域定位技术的环境艺术设计

在环境艺术设计中，利用虚拟现实技术进行室内外景观的区域定位和造型设计是一个重要的难题。在项目设计的定位阶段，设计师需要考虑项目的地理位置、周边环境等因素进行定位。在应用虚拟现实技术时，设计师需要掌握建筑室内设计和景观设计项目的定位和造型，通常的做法是首先构建二维平面图形，然后在此基础上进行场景布局规划，并建立三维空间结构。设计师可以综合运用 3dsMax、SketchUp 等建模软件来完成这一过程。3dsMax 软件主要用于确定场景中各种物体的具体位置，根据相应的标准数据进行建模制作，并设计调整材质贴图、灯光效果等，最终将其渲染成满足用户需求的动态视频或静态图纸。此外，设计师还可以通过 3dsMax 软件设计摄像头的运动轨迹，合理调节一些动画场景中的远近镜头并设置播放时长。SketchUp 则可用于对 3dsMax 设计的框架进行修改和完善，包括门窗配件、家居物品、植物陈设、软硬装饰等的构建。因此，在环境艺术设计中应用虚拟现实技术，能够实现对三维场景的精准、高效定位，同时规划并创建出理想的环境空间。

（三）基于虚拟现实高速处理技术的环境艺术设计

在环境艺术设计中，虚拟现实技术可利用高速处理技术加速对三维立体空间的渲染，从而提高设计效率。在进行空间渲染之前，设计师需要调整三维场景中的各种元素，以确保整体场景的协调一致。然后，通过 GPU 高速处理技术对三维立体空间中的环境进行即时渲染操作，使用户能够迅速查看最终的三维模型呈现效果。这种高速渲染模式允许用户及时参与环境艺术设计的过程，同时能够客观地提出修改建议。高速处理技术有助于更好地弥补空间设计的不足，与传统的设计流程相比，应用该技术能更有效地处理细节，迅速调整和处理空间结构，为用户提供沉浸式体验。应用虚拟现实技术进行环境艺术设计可以帮助设计师扩展信息获取和处理的渠道，在提高信息获取和处理的速度的同时，也能够更全面地进行设计分析，增加与用户的互动，从而获得更多的经验。

（四）虚拟现实技术在环境艺术设计中的应用

设计师通过巧妙应用虚拟现实技术，不仅能够提升环境艺术设计的艺术效果，还能为用户提供更出色的体验和互动。用户只需佩戴相应的虚拟穿戴设备，即可进入虚拟现实的三维空间，全面欣赏环境艺术设计的各个细节效果，并随时提出修改建议。虚拟现实技术具有高性能和广泛的全景显示功能，可对虚拟环境中的小型场景进行放大处理，从而实现对整体虚拟空间的大比例呈现。设计师可以结合用户的实际需求，使用各种设计应用软件对虚拟空间中的建筑物、门窗配件、家居物品、植物景观、道路等进行规划设计。通过虚拟现实技术结合 3ds-Max、SketchUp、AfterEffects、Flash 等软件技术，设计师可以构建虚拟实景路径，为用户提供更为真实的体验效果。例如，在虚拟现实环境中添加雨水、溪流、虫鸣、鸟叫等自然元素，或者增加绿化带、景观喷泉、园林小品等建筑元素，还可以设计光影跟踪移动效果等，以增强环境艺术设计的各个细节，为用户提供更为丰富的体验。

虚拟现实技术在感官冲击方面具有重要影响力。在环境艺术设计中，设计师需要考虑当人们第一次看到作品时，如何引起他们强烈的感官冲击，使他们对作品产生浓厚的兴趣。因此，在进行环境艺术设计时，设计师要充分利用虚拟现实技术，强化对所涉及环境的分析，以更好地满足人们的感官需求。通过合理使用虚拟现实技术，设计师可以留下良好的第一印象，实现使人们喜欢设计作品的效果。

目前，虚拟现实技术为社会多个领域带来了发展机遇。在环境艺术设计领域，合理应用虚拟现实技术有助于辅助设计师进行相关的工作，提升了设计作品的水平，更好地满足了用户对环境空间的需求，为环境艺术设计领域的科学、可持续发展提供了保障。基于虚拟现实技术的环境艺术设计不仅促进了领域的创新与进步，确保了设计作品的创意性，还充分满足了现代用户对个性化设计的不断增长的需求。

第八章　现代环境艺术设计的案例研究

第一节　国际性环境设计项目分析

一、综合文化融合与创新设计

（一）跨文化理解与尊重

1. 深入跨文化研究

设计团队应该投入大量时间进行深入的跨文化研究，以了解各个文化的独特之处。这包括对当地居民的生活方式、社会习惯、信仰等方面的仔细考察。通过调研和参与当地社群，设计团队能够更全面地把握当地文化的内涵，为设计提供深刻的文化基础。

2. 与当地居民交流

与当地居民交流是理解文化的重要途径。通过座谈会、访谈、参与当地文化活动等方式，设计团队可以更直接地感知当地人民的期望和需求，以便更好地在设计中融入当地文化。

3. 尊重多元文化

尊重多元文化是跨文化设计的核心原则。设计团队在项目中应展现对各种文化的平等尊重，避免对某一文化的偏见和刻板印象。通过体现文化的多元性，设计作品能够更广泛地被接受和赞誉。

（二）创新设计的融合

1. 超越传统设计框架

创新设计需要设计团队超越传统的设计框架，勇于突破传统的思维模式。通过引入新颖的设计元素、材料和技术，设计团队能够在项目中呈现出独特的创意，使设计更富有吸引力。

2.结合当地文化和国际潮流

创新设计的融合需要将当地文化与国际潮流相结合。设计团队应灵活运用当地传统元素，并在设计中引入具有国际视野的时尚元素。这种结合既能保持本土特色，又能在国际舞台上引起共鸣。

3.多方位创新设计

创新不仅体现在建筑形式上，还包括景观、装饰、材料选择等方面。设计团队应从多个维度思考创新，以确保项目在整体上具备前瞻性和创新性。

（三）文化融合的平衡

1.避免文化冲突

在文化融合中，设计团队应当敏感地避免文化冲突。通过深入了解各文化的底蕴，可以更准确地评估不同文化元素的结合可能性，以确保设计中不出现明显的文化冲突。

2.巧妙融合本土文化与国际化元素

成功的设计项目需要在文化融合中保持平衡，既要有本土特色，又要具备国际影响力。设计团队应巧妙地融合本土文化与国际化元素，使设计作品既有深厚的当地背景，又能引起国际关注。

3.创造具备国际影响力的设计作品

最终目标是设计出具备国际影响力的作品。通过平衡文化融合，设计团队可以创造出在国际舞台上引人注目、有持久影响力的设计作品。这不仅有助于提升设计团队的声誉，还为当地文化赢得了更多的认可。

二、可持续性与生态友好

（一）综合的可持续性规划

1.考虑整个项目的生命周期

在国际性环境设计中，设计团队必须综合考虑整个项目的生命周期，从建设阶段到运营和维护阶段。这意味着在设计之初就要思考项目在长期内的可持续性发展。通过科学地规划，项目能够更好地适应未来的发展变化。

2.能源利用的综合管理

可持续性规划要关注能源利用的综合管理。设计团队应考虑采用可再生能源、提高能源利用效率、减少能源浪费等手段，以降低项目的碳足迹，实现更为环保的能源使用。

3. 水资源管理的全面策划

在项目规划中，水资源管理是不可忽视的一环。综合考虑雨水收集、废水处理、用水效率等方面，以确保水资源的合理利用和对环境的最小冲击。

4. 废物处理的综合方案

设计团队应制定废物处理的全面方案，包括减少废物产生、循环再利用和安全处理废物等环节。通过建立高效的废物管理系统项目，可以减轻对环境的不良影响。

（二）生态系统保护与恢复

1. 植被保护与绿化规划

为了保护和促进生态系统的恢复，设计团队应采取措施保护原有植被，同时进行科学合理的绿化规划。这有助于提高生态系统的韧性，减缓生态环境的恶化。

2. 水域生态平衡的维护

对于设计涉及水域的项目，要关注水域生态平衡的保护。通过科学的水资源管理、水域生态恢复等手段，维护水域的健康生态系统。

3. 动植物保护与栖息地管理

考虑到国际性环境设计项目可能涉及丰富的动植物资源，设计团队应采取措施确保对当地生物多样性的保护。这可能包括栖息地管理、物种保护等方面的工作。

（三）社会责任与共享经济

1. 与当地社区的合作

设计团队应积极与当地社区合作，倾听社区声音，充分考虑当地居民的需求和期望。通过建立与社区的良好关系，项目能够更好地融入当地社会。

2. 促进社会公平

在项目设计中要考虑社会公平，避免过度发展导致社会分化。设计团队可通过公共设施规划、社会服务设施等手段，促进社会公平的实现。

3. 推动可持续发展目标

设计团队应当积极推动可持续发展目标的实现。通过项目的具体实践，为全球可持续性发展贡献力量，使项目成为可持续发展的典范。

第二节 地方性环境设计案例研究

一、地方性设计在文化传承中的角色

（一）文化传承的重要性

1. 地方性设计的历史传统融入

地方性设计在文化传承中的关键角色在于其对历史传统的融入。这一角色的体现源于设计团队对当地历史文化的深入研究与理解。通过对当地丰富而悠久的历史进行详尽的考察，设计团队能够将传统建筑风格、独特的工艺技术等丰富元素巧妙地融入现代设计之中，从而实现对历史传统的传承。

在实践中，深入研究当地历史文化对于地方性设计至关重要。设计团队需要审慎挖掘并理解当地的传统建筑风格，包括但不限于建筑结构、形式美学和装饰元素。通过对这些传统建筑的解析，设计团队能够捕捉到历史时期的独特特征，为设计注入更为本土的氛围。

除了建筑风格，地方性设计还应注重传统工艺技术的继承。各地因其地理环境、资源禀赋和文化传统的不同，孕育了各具特色的工艺技术，如传统的手工艺、纺织工艺、陶瓷工艺等。设计团队通过将这些传统工艺技术巧妙融入现代设计中，既可以实现对历史传统的尊重，也能够为设计赋予独特的文化内涵。

2. 文化价值观的表达与弘扬

地方性设计在文化传承中的关键角色不仅仅体现在对历史传统的融入，更在于对文化价值观的表达与弘扬。这一角色的实现不仅仅是对形式上的传承，更是通过设计作品传递当地人的信仰、道德观念等文化内涵，使这些价值观在艺术作品中得以延续。

地方性设计的独特之处在于其能够通过设计语言表达并传递当地文化的核心价值。设计作品成为文化价值观的载体，通过形式、色彩、材质等多重设计元素的巧妙运用，将当地人的信仰、道德观念以及对生活的态度等注入设计之中。这种文化价值观的表达并不仅仅是简单的符号传递，更是一种对当地情感、认同和价值共鸣的直观体现。

在这个过程中，设计团队需要深入了解当地的文化底蕴，挖掘和理解当地人民的生活方式、宗教信仰、道德规范等方面的文化价值。通过与当地居民的深入交流，设计团队能够更加准确地把握当地文化的脉络，为设计作品注入更为真实和深刻的文化内涵。

设计作品的弘扬不仅仅是对当代社会的视觉冲击，更是对文化传统的情感回应。通过地方性设计，人们能够感受到文化的生命力和延续性，促使这些文化价值观在当代社会中焕发新的活力。这种表达与弘扬不仅有助于当地文化的传承，还为设计注入了更为丰富和深刻的内涵。

3.艺术表达与文化符号的利用

地方性设计通过艺术的表达，善于运用具有特殊文化意义的符号，将当地独有的文化元素有机地融入设计中。这种设计手法不仅仅是对文化符号的巧妙利用，更是对地方性文化的传承和弘扬的有效途径。

艺术表达在地方性设计中扮演着重要的角色，通过色彩、形式、构图等艺术手法，设计团队能够将当地的文化内涵以独特而美的的方式呈现出来。艺术的表达不仅仅是对外在形态的展示，更是对内在文化精髓的深刻挖掘。通过对艺术表达的精心设计，地方性设计作品得以在视觉上给予观众深刻的艺术享受，同时也向人们传递了文化的深层内涵。

文化符号的利用是地方性设计的一个重要方面。这些符号可能是传统的宗教标志、民间传说中的神兽、特定颜色的象征意义等。通过运用这些富有文化特色的符号，设计团队能够在作品中注入独特的文化氛围，使其具备强烈的地方性特征。这些符号不仅起到了传承传统文化的作用，同时也在现代设计中赋予了全新的审美内涵。

（二）当地社区的参与反馈

1.社区意见的充分征求

地方性设计的成功与否紧密关联着对当地社区的深度融入和社区居民意见的充分征求。在设计的初期阶段，设计团队需要积极采用多种方式与社区居民进行沟通，以确保他们的声音被充分听到和被纳入设计过程中。

社区意见的充分征求可以通过组织座谈会、工作坊等形式来实现。座谈会是一个直接且有效的方式，设计团队可以与社区居民面对面交流，听取他们的意见、建议和期望。通过座谈会，设计团队能够更好地理解社区居民对于环境艺术设计的期望，把握他们的审美偏好和文化特色。

最后，问卷调查也是搜集社区意见的常用手段。设计团队可以设计一份综合性的问卷，覆盖到设计的各个方面，包括但不限于建筑风格、景观元素、公共设施等。通过问卷调查，设计团队能够更系统地收集社区居民的意见，为后续设计提供更具体的参考。

2.社区工匠与艺术家的合作

地方性设计的成功往往离不开与当地的工匠和艺术家的深度合作。通过与社区工匠和艺术家的合作，设计团队得以借助他们对当地传统工艺和艺术的深刻了解，将这些传统元素有机地融入设计中，从而丰富了设计的内涵，保留了文化传统，为整体设计注入更为本土的氛围。

在地方性设计的过程中，与当地工匠的合作是一种保护和传承传统手工技艺的方式。这种合作不仅使当地的传统手工艺得以传承，还有助于提升当地工匠的技能水平。设计团队可以与工匠一同探讨如何将传统手工艺巧妙地融入建筑、雕塑、装饰等设计元素中，实现设计和手工艺的有机结合。通过这种方式，设计不仅仅在形式上传承了传统，更在实践中促进了地方手工技艺的繁荣。

同时，艺术家的参与也为地方性设计注入了更多的创意和艺术元素。艺术家对于当地文化的理解和表达方式，使得设计不仅仅是单一的建筑形式，更成为文化的表达媒介。通过与艺术家的深度合作，设计团队能够借助艺术作品传递更为丰富和深刻的文化内涵，实现设计的艺术性和文化性的双丰收。

这种社区工匠与艺术家的合作不仅是对传统文化的一种保护和传承，同时也为地方性设计注入了更为鲜活和生动的元素。通过结合当地的传统工艺和艺术表达，设计得以更好地贴近当地文化，为社区居民提供了具有浓厚地方特色的设计作品。

3.社区活动与文化节庆的整合

社区活动与文化节庆的整合是地方性设计中的关键因素，它不仅使设计成为社区文化生活的一部分，还对社区的凝聚力和当地文化的传承起到积极的促进作用。

首先，地方性设计整合社区活动和文化节庆有助于增强社区的凝聚力。通过将设计与社区的日常活动相结合，设计不再是孤立的建筑或装饰，而是融入社区居民的生活之中。社区居民可以在设计中感受到自己的文化和生活方式得到尊重和体现，从而增强对社区的归属感和认同感。这种紧密的融合使设计不再是单向的呈现，而是与社区居民形成一种共生关系，促使社区形成更加团结互助的社会氛围。

其次，整合社区活动和文化节庆有助于促进当地文化的传承。社区活动和文化节庆往往是当地文化传统的重要表现形式，通过将设计与这些活动相结合，设计可以成为文化传承的媒介。设计团队可以参与社区的传统庆典，将设计元素融入活动中，使设计与当地文化的传统得以共同传承。这种整合不仅使设计更具有历史感和文化深度，还为当地文化的传承提供了有力的支持。

二、地方性城市公共空间的更新案例

城市公共空间的更新是现代城市规划和设计中的重要议题。以重庆市解放碑CBD片区为例，通过地方性设计，成功实施了对城市公共空间的更新。设计团队在这一过程中将当地传统建筑元素巧妙融入现代设计中，以提升城市形象，同时为市民提供了更宜人的休闲空间。

（一）案例概况

1. 地理位置与用地性质

重庆市解放碑CBD片区地理位置优越，位于渝中区，处于渝中半岛的核心地带。以解放碑广场为中心，该片区辐射周边面积达92平方公里。这一地理位置的选择对于片区的整体发展和功能布局具有战略性的意义。

解放碑CBD片区以商业用地为主导，涵盖了多种功能。其中包括行政、金融、商务以及休闲娱乐等多元化功能，使其成为一个集成现代化商业中心的综合区域。商业用地的主导地位为该区域带来了商贸繁华、商务活跃的特质，为城市的商业发展提供了有力的支持。

渝中半岛的地理位置为解放碑CBD片区的交通发展提供了便利条件。该区域交通系统相对完善，包括地面公共交通、空中索道以及地下交通。不规则的道路网络以及独特的地形条件被巧妙利用，形成了台地式的步行交通系统，连接了时代广场、大都会广场、解放碑广场、帝都广场等重要区域，为商业贸易的流通提供了高效便捷的通道。

解放碑CBD片区作为商业型城市公共空间的代表，其地理位置的中心性和商业用地的多功能性为城市的繁荣和发展奠定了坚实基础。这一地理背景的独特性和用地性质的多元性共同构成了解放碑CBD片区作为现代商业综合体的核心特征。

2. 建筑与交通系统

解放碑CBD片区以其先进的交通系统为城市发展提供了关键支持。在这一区域，地面公共交通、空中索道和地下交通系统共同构成了多层次、高效便捷的城市交通网络。

地面公共交通在解放碑CBD片区发挥着重要作用，为市民提供了便捷的出行方式。同时，空中索道的引入使得城市交通更加多元化，充分利用了山地地理环境的特点。这一独特的设计让市民能够通过空中索道欣赏到城市美景，同时也为解决交通拥堵问题提供了新的视角。

面对山地地理环境，设计团队采用了巧妙的设计手法，形成了台地式的步行交通系统。这一系统通过连接多个广场，包括时代广场、大都会广场、解放碑广场、帝都广场等，不仅使广场之间的交通更为畅通，还增添了步行的愉悦体验。步行交通系统的形成，既考虑了解决交通问题的实际需求，也在城市规划中强调了人性化设计的理念，使市民在步行间感受到城市的宜居性。

这一综合性的交通系统不仅为解放碑CBD片区的商业贸易提供了便利条件，更为城市居民提供了多元化、高效便捷的出行选择。通过地面公共交通、空中索道和台地式步行交通系统的合理结合，解放碑CBD片区展示了在山地地理环境下实现出色交通设计的成功经验。这一独特的城市交通系统不仅服务于城市经济的发展，还提升了城市居民的生活品质。

3.历史文脉与遗产保留

解放碑地区承载着丰富的历史文脉，其中保留的通远门城墙遗址和洪崖洞等历史遗产构成了该地区独特的历史底蕴。通远门城墙遗址作为历史建筑的见证者，见证了解放碑地区漫长的历史变迁。这片城墙遗址不仅仅是建筑史的重要组成部分，更是历史文脉的生动体现。

洪崖洞是解放碑地区的另一处历史遗产，其独特的建筑风格和丰富的历史内涵使其成为一座具有代表性的文化地标。洪崖洞的建筑风格融合了传统与现代，展现了巴渝文化的独特魅力。这一历史建筑的保留不仅让人们能够感受到古老时期的城市面貌，还为当代城市的发展提供了珍贵的历史参考。

这些历史遗产资源为解放碑CBD片区注入了深厚的文化内涵，使其在现代都市中独具特色。通过保留历史建筑和文化遗迹，解放碑地区既展示了城市的传统面貌，也为后代留下了宝贵的文化遗产。这一保留历史文脉的做法不仅在建筑形式上保持了传统，更在文化内涵上传承了城市的历史记忆。

解放碑地区的历史遗产不仅仅是建筑物的存在，更是对过去时光的见证。这些文化符号不断地与现代城市生活相融合，为解放碑CBD片区赋予了独特的城市氛围。历史文脉的保留不仅是对城市发展历程的尊重，更为当代人们提供了了解和感受历史的机会。通过这些历史遗产的保留，解放碑地区既实现了城市空间的传承，也为城市的可持续发展提供了宝贵的文化资源。

（二）公共空间设计

1. 绿化面积与空间感

虽然商业用地导致绿化面积相对较少，但通过巧妙设计，公共空间仍然保持了高质量。设计团队充分利用历史文化元素，完善了公共基础设施，提高了绿化质量。尺度合宜、形态丰富的设计使得解放碑CBD片区的公共空间形成了历史文化氛围厚重、商业气息活跃的特色。

2. 城市天际线与建筑特色

解放碑广场作为中心区域，周边建筑中高层、超高层建筑众多，形成了高密度的城市空间。这不仅丰富了街道的立面效果，还创造了引人注目的城市天际线，为解放碑CBD片区的形象提供了独特的建筑特色。

（三）区域协同发展

1. 与其他CBD的关系

解放碑CBD片区的发展并非孤立的，它与江北嘴CBD、弹子石CBD形成了共同构成以解放碑CBD为核心的重庆中央商务区。这种区域协同发展提升了整体城市的竞争力，形成了更为完善的商业体系。

2. 城市竞争力的提升

通过整合周边区域资源，解放碑CBD片区成功提升了城市的整体竞争力。在保留历史文脉的同时，以商业为主导，形成了独特的城市形象，为重庆市的经济繁荣和文化传承做出了积极贡献。

（四）案例启示

解放碑CBD片区的成功经验为我国其他城市规划设计提供了宝贵的启示。作为大区级CBD，其规划设计不仅在城市公共空间的特色塑造上有着显著成就，而且在多个方面的创新和实践均值得借鉴。

首先，解放碑CBD片区在规划初期就明确了目标，并将其定位为大区级CBD，这为后续的经济发展奠定了坚实基础。这种清晰的目标定位使得规划和设计能够更好地服务于城市的整体发展战略，注重长远规划，避免了盲目拓展和碎片化发展。

其次，解放碑 CBD 片区在交通系统的设计上别具匠心。其充分利用地理地形，通过优化步行交通和多种交通方式的便捷连接，为商业贸易提供了高效的交通条件。这种交通系统设计为城市内部的流动提供了便利，同时也提高了整个区域的可达性和吸引力。

在尊重历史文脉的基础上，解放碑 CBD 片区巧妙地利用了有限的空间资源，形成了功能一体化的商业氛围。虽然建筑密度大、绿化较少，但通过合理利用空间功能，成功打造了尺度合宜、形态丰富的公共空间。这为其他城市在有限土地资源下实现功能多样性提供了可行的范本。

解放碑 CBD 虽然是大区级 CBD 中面积最小的一个，却通过不断创新和提升，取得了持续稳定的经济效益。其成为具有巴渝文化特色的城市名片，为城市特色的塑造和推广树立了成功的典范。在当今建筑密度逐渐增大的城市建设中，解放碑 CBD 的案例对于如何在有限的空间内实现城市特色、促进经济增长具有积极的启发作用。

三、文化主题公园的打造案例

丹棱大雅堂主题公园是一座成功的文化主题公园，通过其独特的规划和设计理念，充分展示了对地方特色的塑造和历史文脉的传承。以下从主题公园的基本概况、规划设计重点，以及项目介绍等方面详细阐述该公园的设计思路和在地方文化推广中的作用。

（一）主题公园概况

主题公园是一种以特定主题为核心，通过景观、建筑、娱乐设施多种元素构建的娱乐休闲场所。这些公园通常以其独特的主题吸引游客，创造出一个充满创意和奇妙氛围的空间。主题公园的发展和分类涉及定义、历史背景及分类以及四川主题公园的类型。

1. 主题公园的定义

主题公园是一种集合了景观设计、娱乐设施和文化元素的综合性娱乐场所。其核心特征是以独特的主题为基础，通过布局、建筑、装饰等手段，创造出一个贯穿性、一致性的主题氛围。这种独特的设计理念使得主题公园不仅仅是一处娱乐场所，更是一个充满故事性和互动性的社交空间。主题公园通常包括游乐设施、演艺表演、美食、商业区等，以满足游客在这个主题世界中的多样需求。

2.历史背景及分类

（1）历史背景

主题公园的概念起源于20世纪初，最早出现在美国。迪士尼乐园的开创标志着主题公园的崭新时代。随着社会经济的发展，主题公园逐渐走向世界，成为全球娱乐产业的一个重要组成部分。

（2）分类

主题公园的具体分类见表8-1。

表8-1 主题公园的分类

主题类别	典型案例
民俗风情	民俗文化村（深圳、北京、云南、桂林、西安）
历史文化	锦绣中华（深圳）、宋城（杭州）、大唐芙蓉园（西安）、杜甫草堂（成都）
自然生态	青春世界（深圳）、水族馆（北京）、海洋公园（中国香港）
异域风光	水上乐园（深圳）、夏宫（沈阳）、欢乐谷（深圳、成都）
影视基地	三国城、水浒城（无锡）、横店影视基地（浙江）、太平天国城（南海）
未来科技	未来时代（深圳）、未来世界（杭州）、天河航天景观（广州）

3.四川主题公园的类型

在目前的情况下，四川地区的主题公园主要分为两类。首先，以历史文化遗产为主题的公园包括杜甫草堂（位于成都，纪念唐代文学巨匠杜甫的公园）、武侯祠（位于成都，以三国文化为主题的公园）、三苏祠（位于眉山，纪念宋代文学家苏轼的公园）、金沙遗址博物馆（位于成都，展示古蜀文化的遗址公园）、望江公园（位于成都，纪念唐代女诗人薛涛的公园）。其次，以异国地理环境和文化为主题的公园有欢乐谷（位于成都，是一座大型旅游主题公园）以及国色天香（位于温江，一个以异域文化为主题的乐园）。

作为我国首批历史文化名城，成都以其独特的地域特征和丰富的历史文化底蕴成为主题公园建设的理想场所。成都拥有得天独厚的旅游资源优势，为大雅堂公园的建设提供了深厚的人文环境依托。眉山及丹棱地区拥有丰富的自然资源、便利的交通设施和相当数量的人口规模，为大雅堂公园的长远发展提供了可靠的保障。杜甫草堂、三苏祠、国色天香等不同类型的公园成功经营的经验，为大雅堂公园的成败提供了宝贵的经验借鉴。

（二）规划设计要点

1.公园主题

主题公园作为"人造旅游资源"的代表，其核心在于主题文化的塑造和呈现。公园设计实际上是一项文化创造的过程，要通过适当的方式将现有资源中的文化内涵，以具体的物质形式展现出来。这包括内涵选择和物态外显两个重要的过程，前者涉及核心内涵的选择，后者则关乎文化气质的展现。

（1）内涵选择

丹棱县因其悠久的建县历史、浓厚的文化底蕴以及与地方特色相关的人文资源而具有丰富而复杂的场地文化内涵。在选择内涵时，需在物质、行为、精神三个层面上，通过不同比重的"掺合"确定核心内涵和辐射内涵。作为大雅堂遗址所在地，丹棱县以"大雅"文化成为公园的"核心"主题，而受眉山"千载诗书城"文化和川西地区人文特色的影响，则形成了"辐射内涵"。

大雅堂文化以"至正达真、不俗大气、寓教于乐"为主题，符合时代主旋律。这一文化内涵的选择是对丹棱县历史和文化的尊重，同时也是对时代精神的传承。这一内涵的选择不仅使主题公园有深刻的文化内涵，还使其能够引领并适应当代社会的发展。

（2）物态外显

由于文化内涵的复杂性，主题公园的外显系统相对复杂，包括艺术意境、文化气质和时代气息等方面。这三个方面的特征相互关联、相互补充，构成了主题公园的表情和魅力。

公园本身及环境的艺术意境：主题公园的景观设计、建筑风格以及绿化布局等方面都是对艺术意境的具体呈现。在大雅堂公园中，通过建筑的风格融入"大雅"文化的元素，创造出独特的艺术意境，使游客在欣赏美景的同时沉浸于文化氛围之中。

主题公园所显示的文化气质：文化气质是主题公园外显系统的灵魂，是对核心内涵的具体表达。在大雅堂公园中，通过文化元素的设计、展示以及主题活动的组织，呈现"大雅"文化的深厚内涵，让游客感受到历史文化的底蕴。

传递时代气息：主题公园的设计应当体现时代的发展和变革。大雅堂公园通过对"至正达真、不俗大气、寓教于乐"的时代主题的准确把握，使得公园展现出符合当代社会价值观念的气息，引领游客进入新时代的文化体验。

在物态外显的过程中，设计师可以通过直接表达、场景模拟、隐喻诠释和象征处理等手法，将核心内涵通过物质载体实现物态化与公众化，使游客在参与和欣赏中深刻体会文化内涵，形成认同感和积极参与，从而推动主题公园的可持续发展。

2. 规划理念

（1）地方历史文脉的延续

文脉是城市的无形历史文化载体，蕴含着城市的形象特征、历史发展过程和居民传统的生活方式。主题公园的设计应立足于对综合、复杂的自然地理和人文环境的深刻理解，通过提取场地核心内涵并物化外显，反映出地方独特的历史文化传统。这一设计理念的核心是在公园与自然环境的融合中实现协调发展，同时注重与城市发展脉络的连接，反映并强化地方文化特色，以增强场所的归属感、认同感，保持城市发展的连续性。这就是"地方历史文脉的继承和发展"的规划理念。

（2）人景互动

主题公园是一种人造休闲娱乐活动空间，其目标是为公众提供游赏、休憩、教育宣传以及锻炼身体等活动的场所。在此背景之下，人景互动成为规划理念的关键。活动空间的创造涉及景静人静、景动人静、景动人动和动静结合的演变过程。设计应保留多种动静活动共存互补的场所，增加公园景观层次及活动项目的多样性。同时，强调主题场所的特色塑造，引导游客从单一的"观赏"转向积极的"参与"。通过寓教于乐，强化公园与游客间的良性互动关系，使游客深切体验到公园的地方特色文化项目，突出公园的时代性和独特个性。

（3）城市形象的提升

主题公园作为城市主要的公共开放空间和文化传播场所，不仅创造了优美舒适的城市景观，还开启了城市整体形象的展示窗口。规划理念着眼于提取、融汇地方历史文化特色，创造出个性鲜明的城市名片。这一理念在城市发展中具有多重意义，包括对城市形象的塑造、综合竞争力的增强、长期开发效益的实现以及居民思想文化水平的提高。通过主题公园的规划，城市能够展示出其独特的魅力，吸引游客和居民，同时为城市全方位的可持续发展提供有力支持。这一理念体现了主题公园在城市发展中的战略地位和文化价值。

3. 整体空间结构

（1）功能布局

大雅堂公园在整体功能结构布局上契合"核心内涵为主，辐射内涵为辅"的设计原则，同时考虑了现状场地和周边环境的影响，提出了"一心、一轴、一带、多区"的布局。首先，"一心、一轴"形成了公园南北贯通的中心文化区和中央文化轴，构成了公园最为重要的景观通廊。这一设计灵感延续了新老城市发展的文脉，凸显了"大雅"的文化主题。其次，"一带"指的是公园内笔架山处的自然山林体验带，该带在东西方向串联各主题园区，以线性空间序列的方式展现了丹棱县的地方文化特色和自然生态美景。最后，"多区"包括了构成公园有机整体的辅助文化主题园，这些区域按照各自的主题设计自成一体，通过合理组合对中心文化区的主题进行烘托。其中，西侧主要包含茶坊、游憩园等活动场地，而东侧涵盖诗书园、颂雅溪等文化休闲空间。

（2）空间序列

空间序列在大雅堂公园的设计中扮演着重要角色。这种序列应包含开端、发展、高潮及结尾阶段，有节奏地组织环境空间韵律，使游客在整个游览过程中能够保持体力和激情。以中央文化轴为例，它以北端的滨河广场为起点，途经景观大道和运动休闲广场，最终通过空间相对曲折狭窄的登山道到达山顶的中心文化区。这一文化轴通过视野的开阔、路径的转折、高低起伏等设计手法，为游客提供了长时间的新奇、期待和震撼的空间体验。整个空间序列线以南端的名人园作为结束，使游客在整个游览过程中得到了合理的引导和完整的体验，同时凸显了丹棱县历史悠久的"大雅"文化主题。

（三）项目介绍

1. 中心文化区

公园的核心区域即中心文化区，是展示"大雅"文化主题的核心场所，位于山顶平台高地，形成整个公园的构图中心，具有强烈的视觉冲击和空间序列控制力。该区域包括大雅堂、文化馆以及相关服务用房，建筑群风格典雅大气，由前、后两个景观庭院和休闲连廊组成有机体。通过实物展示、现代技术应用和场景再现等方式，多角度地诠释和呈现了"大雅"的文化主题。实物展示包括书画作品、碑文雕刻、古迹遗留物等，现代技术应用涵盖书籍资料、摄影图片、影音动画等，而场景再现包括现场讲解、节目表演、主题活动筹办等。

2. 特色主题园

特色主题园是主题公园不可或缺的有机组成部分，用于丰富景区活动及游赏内容，同时补充烘托中心主题，还原公园所在地的文化特征和历史文脉。这些园区在内容上与"大雅"的文化主题相协调，并在空间上围绕中央文化区呈"众星捧月"之势合理布置。其中，大雅梯作为登临中心文化区的前奏景点，通过曲折多变的梯步和相对狭窄的空间与中心区形成鲜明对比，强化后者的空间形象，同时东西两道登山梯的设计也呼应了大雅之堂"难登"的文化常识。名人园位于文化馆南侧，通过开阔对称的景观设计强化中心区典雅不俗的建筑风格，展示眉山及丹棱县的历史名人雕像和诗词碑文。此外，活动及休闲场地，如茶坊、欣逸园、诗书园等，共同构成了公园特色景观节点，满足园区不同活动的场地需求，同时丰富和还原了地方文化的不同特点。

3. 建筑风貌

建筑是地域文化特征的直接表现，大雅堂公园的建筑形式充分展现了文化渊源的影响，同时在新时期创新性地延续了装饰符号语言。大雅堂的建筑始建于北宋后期，风格朴素大方、简洁典雅。设计追求"修复还原式"，采用中国宋代官式建筑法则，使园内建筑纤巧秀丽、朴实素雅。大雅堂主殿采用三重檐歇山顶形式，雄伟而不失宋式建筑的轻巧神韵；文化馆及周边建筑则以单层庑殿或歇山顶形式，从体量和风格上强化了"大雅"文化主题和公园整体性。通过建筑形式的选择和设计，大雅堂公园成功地将历史文化融入现代景观中，展现了文脉传承和创新性的设计理念。

第三节 设计成功与失败的案例分析

一、成功的现代环境设计案例分析

成功的现代环境设计案例可以从多个角度进行分析，以大连地铁站出入口空间环境设计为例，其成功体现在以下几个方面：

（一）传递信息

在当今城市交通体系日益发展、成熟的同时，各种交通方式相继被引入生活，多种交通方式组合也被不断地推出。作为众多交通方式之中的一种，地铁的安全、便捷、舒适等特点被广泛认可，在基本功能的基础上，地铁站出入口空间环境设计无论从地上建筑外观，还是从地下相对封闭的过渡空间中，都体现出相应的传递信息的设计原则与设计理念，使人们可以从不同感官上体验到地铁出入口空间环境这个特殊的设计空间所传递给人们的交通信息、地域信息、情感体验等。

1. 交通信息的传递

（1）地铁线路规划

在大连地铁站出入口空间环境设计中，交通信息的传递首先体现在地铁线路的规划和布局上。设计师通过清晰的导视系统、标识牌和地图等，向乘客传递详细的地铁线路信息。这包括站点分布、换乘线路以及站点名称等，以满足乘客对交通线路的准确了解。

（2）电子显示屏的运用

在现代地铁站设计中，电子显示屏被广泛运用于传递实时信息。这些显示屏通常设置在出入口处和站台上，实时展示列车到站时间、站点信息和紧急通告等。这种数字化的信息传递方式提高了乘客获取信息的效率，为其提供了更便捷的出行体验。

（3）创新的交通信息传递方式

除传统的信息传递方式外，一些创新的设计也被引入，如增强现实技术的应用。通过AR技术，乘客可以通过手机或特定设备，实时获取站点信息、路线规划等，为乘客提供更个性化、智能化的交通导航服务，提高信息传递的互动性和体验感。

2.地域信息的融入

（1）当地文化元素

在大连地铁站出入口空间环境设计中，地域信息的融入体现在对当地文化元素的充分挖掘和运用上。设计师通过建筑外观、装饰艺术和景观布置等手段，使地铁站的空间氛围与大连独特的城市文化相契合。这不仅增强了地铁站作为城市交通枢纽的地域认同感，还为乘客创造了独特的文化体验。

（2）地方特色的呈现

在地铁站设计中，可以通过艺术品、雕塑等艺术装置，将大连的地方特色融入空间。这些艺术元素可以是海洋文化、城市建筑风格或地方传统手工艺等，通过视觉和触觉的感知，让乘客在地铁站中感受到浓厚的地域文化氛围。

（3）地域感的强化

设计师还可以通过地域感的强化，使地铁站更好地融入城市环境。这包括建筑风格的选择，如采用当地特有的建筑元素，以及景观绿化的设计，使地铁站周围的环境更加融洽。这种融合地域特色的设计使得地铁站不仅是交通节点，同时也是城市文化的代表。

（二）建构价值

大连地铁站出入口空间环境设计的建构价值主要体现在文化符号、城市细节、垂直绿化三个方面。其中文化符号主要通过空间环境的艺术价值表现出来，在设计中通过对设计形态、色彩运用、材料使用等，通过对大连海浪、贝类等具有大连典型标志性元素进行分析提取，具体研究与分析，进而应用并服务于设计。城市细则主要体现了城市的文化传承，从城市建筑的色彩与记忆入手，提取出海滨城市主色调与配色调，"主题文化与传承"的"近现代流行趋势"。主色是白色、灰色等，配色是暗红、灰蓝、黄色等。公共艺术主要是通过分析大连地铁站特有的地理因素及人文修养，恰如其分地融入相应的设计元素，并开展具有大连特色的系列性地铁站出入口空间环境设计。

1. 文化符号

第一，符号化设计体现艺术价值。在大连地铁站出入口的空间设计中，符号化设计体现了深刻的艺术价值。设计师以海浪、贝类等地域特有的文化元素为灵感来源，通过精湛的艺术手法，将这些符号化元素巧妙地融入建筑的造型和结构中。首先，在地上外观设计中，建筑造型的虚实结合展示了符号的丰富层次感，同时选择的建筑表皮材料也考虑到符号的表达，使得外观呈现出一种独特而具有地域标志的视觉效果。其次，通过对自然光与灯光的巧妙搭配，设计师在不同时间段创造了变幻的光影效果，将符号元素生动地呈现在地铁站的外墙上，为乘客提供了一场视觉上的艺术盛宴。

第二，符号化设计实现地域认同感。符号化设计在地铁站的内部过渡空间中实现了地域认同感。设计师通过对大连地域特有的地理因素和人文修养的精准分析，将这些符号元素有机地融入内部过渡空间的设计元素中。首先，在空间氛围的把控上，设计师通过符号元素的运用使内部空间充满了地域特有的文化氛围。其次，在对界面造型结构的设计上，通过符号元素的巧妙运用，增强了空间的立体感和层次感，使乘客在过渡空间中能够深刻感受到大连独特的文化底蕴。这种设计不仅丰富了乘客的空间体验，还使大连地铁站成为一个具有浓厚地域特色的文化节点。

第三，符号化设计为乘客提供独特的文化体验。符号化设计不仅仅是一种外观的装饰，更是为乘客提供了独特文化体验的载体。设计师通过符号元素的精心运用，使得乘客在进入地铁站的瞬间就能感受到浓厚的当地文化。首先，在过渡空间的内部设计中，符号元素以各种形式贯穿空间的各个角落，为乘客提供了一个富有情感共鸣的空间环境。其次，在符号元素的选择和表达上，设计师注重突出地域文化的独特性，使乘客能够深入感知大连地区独有的历史、传统和生活方式。这种设计不仅让地铁站成为交通枢纽，更使其成为一个文化的传播者，为乘客带来身临其境的文化之旅。

第四，符号化设计为城市增添了独特的标志性建筑。符号化设计使大连地铁站不仅仅是一个功能性建筑，更成为城市的标志性建筑之一。首先，在地上外观设计中，通过符号元素的精妙运用，设计师打破了传统地铁站的单调形象，使其在城市的建筑群中脱颖而出。其次，在符号元素的表达上，设计师充分考虑到大连的城市特点，通过对海浪、贝类等地域标志的合理运用，使大连地铁站在设计中具备了强烈的地域标志性，为城市的形象塑造做出了积极贡献。

2. 城市细节

城市细节在大连地铁站出入口空间环境设计中的建构价值方面得以充分展现，主要体现在对大连历史文化的传承与表达方面。通过对大连城市建筑发展历史的深入研究，特别是沙俄租借和日本占领这两个关键时期，设计师通过城市建筑的色彩和形态的演变，巧妙地提取出城市的历史细节，并将其融入地铁站的设计中，赋予了地铁站独特的历史文化内涵。

在地上外观设计方面，设计师运用了欧洲古典风格和俄罗斯传统风格的元素。这种精心的设计使得大连地铁站外观呈现出一种独特的历史感，通过建筑的形态和颜色，成功地表达了城市在不同历史时期的变迁和发展。这不仅仅是一座交通设施，更是一个城市历史的见证者，通过外观的设计为市民和游客提供了对城市发展历程的视觉解读。

在地下过渡空间的内部设计方面，城市细节的表达主要体现在色彩的合理搭配上。设计师巧妙地运用了简单而有趣的色彩处理，使地铁站内部呈现出明快活泼的氛围。这种设计不仅仅是为了迎合地下交通的独特环境，更是为了缓解乘客在拥挤、快节奏的地铁空间中所感受到的压力。通过为内部空间注入活力和趣味，城市细节的设计成功地提升了乘客的舒适感和整体旅行体验。

这一城市细节的建构价值在设计中并非仅仅停留在形式上，更是为大连地铁站赋予了丰富的历史文化内涵，使其成为一个不仅连接城市各个角落的交通枢纽，更是城市历史的一部分。通过对历史文化的传承与表达，地铁站成为一个历史的见证者，为居民和游客提供了一次深度感知城市历史的机会。

3. 绿色环保

绿色环保在大连地铁站出入口空间环境设计中的建构价值方面得以充分体现，主要是通过对自然、现代与绿色理念的巧妙融合来实现的。在地上外观设计方面，设计师巧妙地将绿色理念融入建筑外观，以体现简约环保的建筑风格。通过外观建筑设计的表皮处理，不仅体现了对环保理念的尊重，更赋予了地上建筑更具有生命力的形象。这种设计不仅是在形式上展现了绿色元素，更是通过建筑的外观使之成为城市绿色发展的象征，为市民提供了一个具有生态友好特色的标志性建筑。

而在地下过渡空间的室内设计方面，设计师通过对自然景观和植被的提取，运用在内部装饰和空间切换的设计中，成功地将大连地域的自然景观融入室内。通过对过渡空间的精心设计，创造出一个富有绿色元素的室内空间，使乘客在地铁站的过渡区域能够感受到自然与现代建筑的和谐共存。这不仅在视觉上打破了传统室内空间的局限，还为城市空间注入了更多的生态氛围。这样的设计不仅符合绿色建筑的环保理念，更是通过空间设计为城市居民提供了一个与自然亲近、愉悦身心的空间体验。

二、失败的现代环境设计案例分析

TH概念城市被视为一次失败的城市规划案例。

（一）土地生态的忽视

1. 初衷与问题

TH概念城市在规划初期忽视了土地的生态特征，追求高密度建筑和大规模平整土地的目标。这一初衷在追求城市现代化和经济繁荣的同时，却带来了严重的生态问题。大量的泥土平整和建筑破坏了原有的生态系统，导致水土流失、生物多样性减少等生态灾害。这表明TH概念城市在规划时在城市发展和生态保护之间未能找到平衡点，忽视了土地的生态价值。

2. 环境破坏的影响

规划中的土地生态忽视对当地环境造成了深远的影响。自然湿地和绿地的大规模开发破坏了水域生态平衡，影响了周边生物的栖息地。土地的过度平整导致水土流失，加速了土地的退化过程。这些环境问题不仅对城市的可持续发展产生了负面影响，也对居民的生活质量构成了威胁。

3. 可持续规划的重要性

TH概念城市的失败凸显了在城市规划中忽视土地生态特征的危险性。未来的城市规划需要更加注重生态可持续性，通过科学的生态评估来引导土地的开发和建设，确保城市的发展与自然生态的协同共生。

（二）社区需求的忽视

1. 社区服务不足

TH 概念城市规划中存在的一个关键问题是对社区需求服务不足的理解。规划者过于强调城市的宏伟规模和商业区的扩展，却忽略了基础社区服务的重要性。居民在城市中生活需要更多的社区服务设施，如学校、医疗机构、文化娱乐设施等，而 TH 概念城市未能满足这些基本需求。

2. 交通不便问题

规划中对社区需求的不足理解也导致了交通不便的问题。城市规划中忽略了有效的交通网络布局，导致了交通拥堵和不便利的出行。居民难以快速便捷地到达工作、学校或其他社区服务设施，影响了城市的居住体验。

3. 社区认同感不足

规划中对高楼大厦的过度强调导致了公共空间的匮乏，使居民缺乏愿景与认同感。城市规划应该注重人性化的公共空间设计，创造具有社区认同感的环境，促进居民之间的互动和社区精神的建设。

（三）过度强调高楼大厦

1. 建筑失衡

TH 概念城市规划的一大缺陷在于其过度强调高楼大厦的建设，导致城市建筑在规模和高度上出现了明显的失衡。这一规划倾向在实施过程中忽略了对城市人文关怀的考量，结果导致城市景观的单一性和缺乏层次感。

城市规划过度偏重于高楼大厦的兴建，使得整个城市天际线显得单调而缺乏变化。在 TH 概念城市中，高楼大厦的密集布局形成了一种扁平的城市轮廓，使得城市的外观缺乏了垂直层次的丰富性。这种失衡的建筑高度分布使得城市缺乏了自然的变化和流动感，进而影响了人们对城市整体美感的认知。

最后，规划中对建筑高度的过度追求也影响了城市的人居环境。高楼大厦的过度集中可能导致局部地区的过度拥挤，影响居民的生活质量。建筑高度的失衡也可能导致阴影覆盖区域过大，影响周围建筑和公共空间的采光，进而对城市的整体宜居性产生负面影响。

这种失衡的城市规划表明在设计城市时，应该更加注重建筑高度的合理分布，避免单一化和过度追求高度。通过合理的建筑高度布局，可以实现城市天际线的层次感，创造更加多元化和宜居的城市环境。未来的城市规划需要在建筑高度上寻找一种平衡，既要考虑城市的发展需求，又要关注人们对于城市美感和宜居性的期望，以实现城市规划的全面可持续性。

2. 缺乏人性化空间

TH 概念城市规划中对高楼大厦的过度强调导致了一个显著的问题，即公共空间的匮乏和缺乏人性化的设计。这一规划趋势导致城市中公共空间的不足，进而影响了城市居民的社区生活和日常互动。

在 TH 概念城市中，由于对高楼大厦的过度注重，城市规划忽略了公共空间的必要性。高楼大厦的集中建设导致了大片区域的私人用地，限制了公共空间的规划和创造。这使得城市缺乏集体活动和社交的场所，居民在日常生活中难以体验到愉悦的社区环境。

公共空间的匮乏直接影响了城市的宜居性。城市宜居性不仅包括基础设施和环境的质量，还包括人们在城市中的社交和文化体验。缺乏人性化设计的公共空间意味着城市居民缺乏与他人互动和参与社区活动的机会。这可能导致社交孤立感和缺乏社区凝聚力，降低了城市的整体宜居水平。

这一教训表明在城市规划中应更加注重人性化设计，充分考虑公共空间的合理布局和多样化功能。未来的城市规划应该着眼于创建多功能、开放、具有社区参与性的公共空间，以促进居民之间的互动和社交活动，提升城市的宜居性和生活质量。

3. 社区愿景与认同感缺乏

在 TH 概念城市规划中，对高楼大厦的过度强调导致了居民对社区的愿景与认同感的明显缺乏。这一规划倾向使城市失去了与自然环境融合的建筑风格，造成居民在城市中难以找到与之共鸣的文化和历史元素，显著降低了他们对城市的归属感。

高楼大厦的大规模建设导致了城市建筑风格的单一性，缺乏与自然环境融合的设计理念。这种建筑风格的单一性使得居民在城市环境中难以找到具有文化深度和历史传承的元素。建筑与自然环境的脱节，使得居民在城市中缺乏情感上的共鸣点，难以建立起对社区的深厚感情。

由于对高楼大厦的过度注重，TH 概念城市规划中未能充分考虑到城市的文化和历史背景，导致居民对社区的愿景与认同感的匮乏。缺乏与城市环境融合的建筑风格和文化元素，使得城市居民很难在城市中找到自己的文化认同，也难以与城市形成深刻的情感纽带。

这一教训提示我们，未来的城市规划应更加注重在设计中融入当地文化、历史和自然环境的元素，以创造具有独特文化特色和丰富历史传承的城市环境。规划者在城市设计中应该更加全面地考虑建筑与周边环境的协调，以及如何通过建筑设计来激发居民的文化认同感，提高对社区的归属感。

4. 规划不平衡的影响

过度强调高楼大厦的规划，不平衡地忽视了城市规划中自然与人文因素的均衡考量，给城市空间带来了一系列不利影响。这种规划导致了城市的失衡，凸显了对城市规划过程中多元性和整体性的不足。在 TH 概念城市中，规划者在注重高楼大厦的同时，未能充分考虑到城市空间的多样性，包括绿地、文化遗产、公共艺术等元素，导致了城市空间的单一性和不协调性。

首先，规划的不平衡使得城市失去了原有的自然生态平衡。过度强调高楼大厦的建设导致大量的泥土平整和大规模建筑，对原有的自然生态系统造成了破坏。城市规划未能妥善考虑土地的生态特征，导致了生态环境的丧失和城市生态系统的破坏，进而影响了城市居民的生活品质。

其次，规划不平衡导致了社区服务不足和交通不便。由于规划过度强调高楼大厦，对社区需求的深刻理解不足，使得社区内缺乏足够的服务设施和便利的交通设施。居民面临着服务不足、交通不便的问题，影响了他们的生活质量和社区互动。

最后，规划中对高楼大厦的过度强调导致了城市缺乏人性化的公共空间。高楼大厦的建设使得城市天际线单一，缺乏层次感，导致居民缺乏愿景与认同感。规划中未能充分考虑到公共空间的设计，使得城市缺乏具有人文关怀的社区环境，居民在城市中难以找到集体活动和社交的场所，降低了城市的宜居性。

三、教训与未来发展方向

（一）教训

1. 整合自然与人工元素的重要性

成功案例的经验表明，现代环境设计中充分整合自然与人工元素具有重要意义。通过深思熟虑的绿化规划和植被配置，设计师成功地打造了一个宜人的自然环境，为居民提供了休闲娱乐场所，激发了居民更积极地参与户外活动的愿望。这一成功案例强调了在设计过程中注重自然元素引入的必要性，包括绿植、水景等，以提高居住环境的整体质量，并在设计中关注自然与人工元素的有机结合。

在前文的成功案例中，设计师通过巧妙的绿化规划，使自然元素在城市环境中得以充分体现。绿植的合理布局不仅美化了城市空间，还为居民提供了一个亲近自然的场所。植被的引入不仅为城市增色，还改善了空气质量，创造了宜居的居住环境。通过水景的设计，设计师进一步提升了整体环境质量，为城市注入了一份清新与宁静。

成功案例中的经验教导我们，在现代环境设计中，要注重自然元素的引入，使城市空间更加贴近自然，提高居住者的生活品质。在规划和设计中，应当考虑如何巧妙地融入自然元素，以创造出令人心旷神怡的环境。通过科学合理的植被配置和绿化规划，可以为城市增添独特的景观，激发人们对自然的热爱和向往。

最后，成功案例中强调了自然与人工元素的有机结合。设计师在整个过程中充分考虑了城市的自然特征，并通过合理的布局和设计，使人工建筑与自然环境和谐共生。这种有机结合不仅在视觉上创造了更美好的城市景观，而且在功能上提高了城市空间的多样性和适应性。成功案例告诉我们，在环境设计中，要打破传统的界限，充分挖掘自然与人工元素的互补性，以实现更具创新性和可持续性的设计理念。

2. 考虑可持续性与环保

成功案例强调了可持续性发展的重要性。通过引入绿色设计、环保建设等理念，设计师成功地将现代环境设计与生态友好的原则相结合。教训在于未来的设计应更加注重能源效率、环保材料的选择，以减少对环境的负面影响，促进城市的可持续发展。

3. 提供多样化的公共空间

成功案例中多功能的公共设施为不同年龄、文化程度和经济层次的居民提供了多样化的服务，加强了社区成员之间的联系。教训在于未来的设计应注重创造多元化、包容性的公共空间，满足不同群体的需求，促进社区的融合。

（二）未来发展方向

1. 文化的融合

未来的现代环境设计应注重文化的融合，设计师需要深入了解当地文化特色，将传统元素与现代建筑技术相结合，创造出既有现代氛围又具有独特文化特

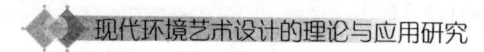

色的空间。通过考虑文化的融合，设计可以更好地反映社区的身份认同，使居民在空间中感受到文化的连续性。

2.可持续性的发展

未来的现代环境设计应持续关注可持续性的发展。设计师需要贯彻整个设计过程，充分考虑能源效率、环保材料的应用等方面。引入新技术和绿色设计理念，以减少对环境的不良影响，促进城市的可持续发展。

3.社会的包容性

未来的设计应强调社会的包容性，关注不同社会群体的需求。提供多样性的空间和服务，创造一个共融的社区环境。通过多功能性的公共设施和考虑多代同堂的居住方式，设计师可以促进社区内不同群体之间的互动，增强社区的凝聚力。

参考文献

[1] 陈洁.城市轨道交通车站公共空间艺术设计[J].城市轨道交通研究，2021，24（9）：250-251.

[2] 胡飞，钟海静.环境设计的方法及其多维分析[J].包装工程，2020，41（4）：20-33.

[3] 杨丹玥.环境艺术设计中的生态理念研究[J].美术大观，2018（8）：110-111.

[4] 常伟.感性工学理论在环境艺术设计中的应用[J].四川戏剧，2017（10）：70-73.

[5] 李梦，张健，陈景楠，等.街区更新语境下街道公共空间的包容性研究[J].工业建筑，2023，53（S2）：115-119.

[6] 吴维忆.新工艺与人工智能设计的创造心理与社会美学内涵探究[J].工业工程设计，2020，2（1）：26-32.

[7] 何锐.人工智能背景下高职院校环境艺术设计专业人才培养转型研究[J].现代职业教育，2021（19）：234-236.

[8] 梁爽.无法触及艺术的情感与灵感：浅析人工智能的美学困境[J].北方文学，2020（17）：88-89.

[9] 徐梦莹.陌生化审美维度：多元构建下当代艺术展"沉浸式"模式转型[A].北京中外视觉艺术院，中外设计研究院，中国创意同盟网，中国创意设计年鉴·2018—019论文集，四川美术出版社，2020：227-231.

[10] 孔敬，范鹏，雷雨哈，等.3D打印技术在居室空间物理环境设计中的应用[J].城市住宅，2017，24（7）：80-83.

[11] 常伟.探究3D打印技术在环境艺术设计中的应用：评《环境艺术设计概论（第2版）》[J].新闻爱好者，2017（6）：100-101.

[12] 杨晓红.3D打印技术在艺术设计领域中的应用研究[J].艺术科技，2016，29（11）：16+112.

[13] 詹松.高职环境艺术设计教学中的3D打印技术的应用：以立体构成课程为例[J].现代装饰（理论），2016（8）：269-270.

[14] 陈娜芳.关于3D打印技术应用在环境艺术设计中的思考[J].美与时代.城市，2015（5）：133-134.

[15] 张晓星.虚拟现实技术在环境艺术设计中的应用研究[J].鞋类工艺与设计，2022，2（15）：108-110.

[16] 陈岚，刘晓倩，孙丽冰，等.虚拟现实技术在环境艺术设计中的应用[J].福建电脑，2018，34（1）：71-72.

[17] 刘佳君.试析虚拟现实技术在环境艺术设计中的应用研究[J].艺术科技，2019，32（7）：220.

[18] 孟晓军.虚拟现实技术在环境艺术设计中的需求与应用[J].山西建筑，2019，45（5）：24-25.

[19] 徐煜辉，卓伟德.城市公共空间活力要素之营建：以重庆市解放碑中心区及上海市新天地广场为例[J].城市环境设计，2006（4）：46-49.